湖州师范学院学术著作出版资助

经济新常态下中国道德经济发展研究

周　丹◎著

中国财经出版传媒集团
经济科学出版社
Economic Science Press

图书在版编目（CIP）数据

经济新常态下中国道德经济发展研究/周丹著.—北京：经济科学出版社，2021.10
ISBN 978-7-5218-3033-0

Ⅰ.①经… Ⅱ.①周… Ⅲ.①经济伦理学-研究-中国 Ⅳ.①B82-053

中国版本图书馆CIP数据核字（2021）第226662号

责任编辑：袁 溦
责任校对：刘 昕
责任印制：王世伟

经济新常态下中国道德经济发展研究
周 丹 著
经济科学出版社出版、发行 新华书店经销
社址：北京市海淀区阜成路甲28号 邮编：100142
总编部电话：010-88191217 发行部电话：010-88191522
网址：www.esp.com.cn
电子邮箱：esp@esp.com.cn
天猫网店：经济科学出版社旗舰店
网址：http://jjkxcbs.tmall.com
北京季蜂印刷有限公司印装
710×1000 16开 17.75印张 200000字
2021年10月第1版 2021年10月第1次印刷
ISBN 978-7-5218-3033-0 定价：68.00元

前　　言

历经40多年的改革开放这一伟大的历史进程，中国成为世界第二大经济体，当前我国经济又进入新发展阶段即“新常态”。在经济新常态下，中国经济如何由高速增长转向高质量发展，如何实现经济的质量变革、效率变革和动力变革，建设现代化经济体系，已成为新时代中国特色社会主义面临的重大问题，也正是在这一时期，一种新的以信息社会的发展、社会组织的繁荣、生产性公众的不断壮大等为背景的道德经济在世界范围内兴起，道德经济对效率、公正、社会责任的追求令其成为一种时代新趋势，也为中国经济发展提供了新的启迪。本书较系统地研究了道德经济，特别是中国道德经济的发展，这对于经济伦理学为经济发展创设价值目标的学科价值的展现，丰富经济伦理学的研究内容，具有重要的理论意义；对于推进中国特色社会主义市场经济健康发展，促进中国政府职能转变，推动社会组织发展和创新，为经济决策提供指导，具有重要的现实价值。

经济新常态下中国道德经济发展研究是一个跨经济伦理学、经济学、伦理学、社会学、政治学、管理学等多学科的交叉性、宏大性问题，作者的经济伦理学、经济学、伦理学及相关学科知识储备有限，偏颇乃至错误之处在所难免，恳望批评指正。

周　丹

2021年10月

目　　录

导 论

当代社会，在科学技术的强力推动下，市场在经济发展中扮演着主导性的角色，不仅如此，它还带来了社会各领域的巨大变革。然而，人们也同时越来越真切地看到市场自发性带来的各种危害：在追求更高经济利益动机的驱动下，引发了社会不公、贫富差距、生态失衡等种种社会问题。在社会公众的种种质疑和指摘下，许多企业、公司逐渐清醒地认识到，盈利不应该是它们的唯一目标，社会公正、可持续发展和社会效益应摆在更重要的位置，因此它们开始致力于建立社会企业的行动，如开展缓解贫富差距的活动，扶持弱势群体，积极保护生态环境，投资公益事业，等等。在学术界，即使是坚持经济学“科学主义”的经济学家也意识到发展的问题并不仅仅是其效率的问题，只注重经济效率的发展一定会带来更多的问题，因此它们也将注意力转移到超越利润的目标上，诸如“包容性增长”“全民资本主义”“共享经济”等范畴成为当下经济学研究的重点议题，企图将先前经济学中有意或无意忽略的因素特别是伦理道德因素逐步纳入经济分析的框架中。

促使这些企业、公司转向如此行动目标的原因是多方面的，其中当然不乏自我标榜的成分，但也有许多确实是实至名归、实事求是的，例如：有企业出于“弱势群体也是人类同胞，一样享有人类尊严”的观念，因而对此类人群施以实实在在的帮扶；有企业出于“我们共同居住于一个地球村，共同面临环境危机”的认知，因而向环境保护设施或事务投入资金；有企业出于“大多数员工都是自觉的道德主体，企业、公司是员工体现人生价值的场所”的思想，因而大力改善员工工作场所的工作环境；有企业出于“保护环境、绿色经营是企业经营的新逻辑，有利于企业开辟新的业务领域”的观念，因而踏踏实实在自己经营中贯彻绿色或可持续发展理念，等等。企业、公司不再局限于经济效率，而是涉足“社会公平”“社会责任”的转变已经引发了人们的极大兴趣，许多学者已发表论著，试图对其展开深入研究和探讨，以便揭示其原因和发展规律。丹麦学者尼古拉·彼得森、瑞典学者亚当·阿维森（2014）把这种转变概括为道德经济，并认为它是后危机时代的价值重塑。我国学者资中筠（2015）根据她对美国此种现象的研究，把它概括为资本主义的新演变，并定性为公益事业；龚天平（2015）则概括为伦理经济，认为它是对经济伦理的实践，是人类经济发展从伦理经济到非伦理经济再到新伦理经济这一历史辩证运动过程的必然产物。

本书则把此种转变概括为道德经济，并选取经济发展新常态下中国道德经济发展作为研究主题。之所以如此，是因为从社会的整体发展和长远发展来看，发展道德经济无疑是经济发展的应有取向。而对于进入经济发展新常态的中国来说，道德经济这种现象也并不鲜见，因此我们应该对此种现象进行研究，深入挖掘其原因、本质，揭示其获得良好发展的机制或前提条件，从而为我国当前的经济发展提供有益的启示。

一、选题背景与研究意义

道德经济是当代社会经济发展中出现的一种新的经济组织方式或现象，研究道德经济的发展，对我们更深入地理解经济发展的实质和目的，促进经济学研究的创新和发展，拓展经济伦理学的研究内容，进一步推进经济、社会和谐发展有着极为重要的理论意义和现实意义。

第一，研究我国经济新常态下道德经济的发展，对于经济伦理学具有重要的理论意义。

首先，可以展现经济伦理学为经济发展创设价值目标的学科价值。道德经济可以更好地展现经济伦理学为经济发展创设价值目标的学科价值。道德经济以服务于社会为基本价值追求，用社会的道德制导经济，把社会目标、公平正义当作最终目标。而经济伦理学研究的目的正是要以道德为经济发展提供正确的价值目标。所以，道德经济的基本价值追求和终极目标正是经济伦理学研究的意义所在，也就是说道德经济是经济伦理学为经济发展创设价值目标的学科价值的展现。

其次，可以丰富经济伦理学的研究内容。道德经济对共同价值观的追求有助于经济伦理学研究主题的丰富。道德经济是在一定的制度规范和价值观的引导下，有利于实现一定价值追求的经济学理论和经济实践。在经济新常态的背景中，可持续发展、社会正义和效率等基本价值被摆在至为突出的位置，甚至成为人们的首要价值选择。道德经济对这些基本价值的追寻和切实践履，将极大地丰富经济伦理学的研究内容。

第二，研究我国经济发展新常态下道德经济的发展，对于我国社会主义市场经济发展具有重要的现实意义。

首先，有利于推进中国特色社会主义市场经济的健康发展。自改革开放政策实施后，市场经济体制的建立和运行带来了中国经济发展40多年的繁荣。当前，我国现代市场体系发展到了前所未有的深度和广度，如何使社会主义市场经济持续发展并取得更大的成就，如何促进和保证社会主义市场经济的进一步健康发展，实现国家富强、民族振兴、人民幸福这一中华民族伟大复兴的中国梦是中国确立的宏伟目标。经济发展新常态下中国道德经济发展研究力图以道德经济引领社会主义市场经济发展，为市场经济的发展提供价值目标，确立价值准则。

其次，有利于促进中国政府的职能转变。在人民利益高于一切的指导思想下，中国政府始终坚持以人民利益为中心，以行政体制改革为手段，不断提升自身的治理能力，以满足国民经济发展和社会发展的需求，政府职能转变是行政体制改革的核心内容。在社会发展的又一新时期，我国政府职能转变需要有明确的思路和方向。研究道德经济的发展有助于揭示中国特色社会主义市场经济条件下，政府管理市场的限度，从市场治理角度阐述经济新常态下政府职能转变的逻辑和路径。

再次，有利于推动社会组织的发展和创新。研究道德经济的发展有助于阐明社会组织在社会平衡中的重要作用，强调社会组织公共服务提供和公共事务管理中的优势，从而为社会组织的发展和创新提供恰适的解释。

最后，为经济决策提供指导。经济活动中的中心问题是经济决策问题。而经济决策活动中经济主体的价值观起着举足轻重的作用。道德经济注重社会制度和共同价值观对经济行为的引导和推动，道德经济发展强调社会制度和共同价值观的引领作用，有助于经济主体认识到社会制度和共同价值观在经济的良好运行中的重要性，从而关注社会的需求，树立正确的价值观，探寻良好的价值目标。这种价值目标有助于经济主体作出正当、更高伦理水准的决策。

二、国内外研究现状

（一）国外相关研究现状

“道德经济”这一概念最先是由英国学者 E. P. 汤普森（E. P. Thompson）在《18 世纪英国民众的道德经济》一文中系统地提出的，但这一概念被其提出后，立即得到了来自人类学、历史学、政治经济学等不同学科领域学者的极大关注，并引发了一股研究道德经济的热潮。来自不同领域的学者从各自的视角探讨道德经济，综合来看，迄今为止，国外学者对道德经济的研究大致沿着以下几个方面展开。

1. 运用道德经济的分析范式探究民众抗议行为的原因

这一研究的代表人物主要有詹姆斯·斯科特（James Scott）、马克·埃德尔曼（Marc Edelman）、大卫·哈维和凯伊尔·米尔本（David Harvie and Keir Milburn）等。在探究民众抗议行为的原因时，与过去将反叛的原因归结于社会结构转型或外在的经济因素不同，道德经济的研究视角则是非经济因素。众多学者运用道德经济的分析范式探究民众抗议行为的原因，代表性的著作是詹姆斯·斯科特的《农民的道义经济学》（*The Moral Economy of the Peasant*）。在该书中，作为人类学家的詹姆斯·斯科特继承E. P. 汤普森的道德经济概念，运用这种研究方法探讨19世纪末到20世纪初东南亚农民在资本主义冲击下反叛的原因。通过对农民反叛的两个突出事例（即缅甸的沙耶山起义、越南的义静苏维埃）进行详细地分析，斯科特得出剥削和反叛问题不仅仅是食物和收入的问题，而且是农民的社会公正观念、权利义务观念和互惠观念问题的结论①。其后，哈恩·史蒂芬（Hahn）、麦克马斯（McMath）和西伦（Thelen）用道德经济的研究思路对美国佐治亚州、得克萨斯州和密苏里州的自耕农的暴乱进行了重新解释②③④；斯特里克兰（Strickland）用道德经济的分析范式研究了美国南卡罗来纳州水稻种植区新获得自由的黑人抵制经济一体化的行动⑤；沃尔顿（John Walton）与塞登（David Seddon）运用道德经济的研究思路探讨第二次世界大战后第三世界的粮食骚乱⑥；阿诺德（Adrian Randall）、查尔斯沃斯（Andrew Charlesworth）用近似道德经济的方法探讨了印度与北美的

---

① Scott，James C. The Moral Economy of the Peasant [M]. New Haven：Yale University Press，1976.

② Hahn，Steven. The Roots of Southern Populism [M]. New York：Oxford University Press，1983.

③ McMath，Robert C. Jr. Sandy Land and Hogs in the Timber：(Agri) Cultural Origins of the Farmers' Alliance in Texas [A]. In The Countryside in the Age Capitalist Transformation [C]. ed. Steven Hahn and Jonathan Prude. Chapel Hill：University of North Carolina Press，1985.

④ Thelen，David. Paths of Resistance：Tradition and Dignity in Industrializing Missouri [M]. New York：Oxford University Press，1986.

⑤ Strickland，John S. Traditional Culture and Moral Economy：Social and Economic Change in the South Carolina Low Country [A]. In The Countryside in the Age of Capitalist Transformation [C]. ed. Steven Hahn and Jonathan Prude. Chapel Hill：University of North Carolina Press，1985：141－178.

⑥ Walton，John and Seddon，David. Free Markets and Food Riots：The Political of Global Adjustment [M]. Cambridge，MA：Blackwell，1994：37－54.

粮食骚动[①]；美国学者马克·埃德尔曼（Marc Edelman）采用道德经济的研究路径对21世纪世界各地通过农民运动对世界贸易组织（WTO）具有不民主、不负责特征的政策的抗议活动进行了研究[②]；大卫·哈维和凯伊尔·米尔本（David Harvie and Keir Milburn）通过大量抗议行为的案例和访谈记录的分析，探究了21世纪英国民众的道德经济[③]。在这些运用中，道德经济是一种对民众抗议行为的原因进行分析和解释的方法，正如大卫·哈维和凯伊尔·米尔本在《21世纪英国民众的道德经济》中对E. P. 汤普森的道德经济所评述的："道德经济概念能帮助我们理解这些斗争和这些斗争发生的原因，它也能告诉他们，允许以保护'一贯权益'开始的集体行为的发展，但不会就此而结束。"[④]

对不同领域、不同时段和不同群体的民众抗议行为的研究，使人们逐渐获得了关于道德经济的总体看法，即农民的道德经济重视农民的经济观念在经济变革中的作用，其强调的是经济与社会组织之间的关系，道德经济理论得到认可并被推广和运用。

道德经济为经济学研究提供了新视角，除农业领域外，其他领域也逐渐兴起了道德经济研究，随着各领域学者对道德经济的应用，这一概念不再只是用来解释反叛和抵制行为产生的原因，而是还出现在对经济政策、经济组织乃至经济制度的探讨中，如斯内尔

---

① Randall, Adrian and Charlesworth, Andrew. Moral Economy and Popular Protest: Crowds, Conflict and Authority [M]. New York: St. Martin's Press, 1999: 123 - 165.

② Edelman, Marc. Bringing the Moral Economy back into the Study of 21st - Century Transnational Peasant Movement [J]. American Anthropologist, 2005, 107 (3): 331 - 345.

③ Harvie, David and Milburn, Keir. The Moral Economy of the English Crowd in the Twenty - First Century [J]. South Atlantic Quarterly, 2013, 112 (3): 559 - 567.

④ Harvie, David and Milburn, Keir. The Moral Economy of the English Crowd in the Twenty - First Century [J]. South Atlantic Quarterly, 2013, 112 (3): 566.

(Snell) 提出民众对居住权、济贫法和年租金的态度反映了一套长期延续下来的道德经济观念[①]。此外，还有学者将道德经济的分析思路运用到经济转轨时期传统的经济观念与新经济政策的相互作用的研究中，如伊芙琳·平克顿（Evelyn Pinkerton）采用道德经济的分析思路探讨北美小规模渔业中认可平等经济机会和公正感的道德价值观和实践是什么，以及新自由主义强调效率、合理自利和财富积累的政策如何对这些“道德经济”产生影响[②]；卡塔日娜·切希利克（Katarzyna Cieslik）则利用道德经济理论论证了布隆迪生活社区受到互惠和等级体系关系的支配，这些关系既可能促进也可能阻碍社会企业的创新[③]。

随着这些研究的展开，从 18 世纪英国民众对公平价格的迫切要求到 19 世纪末、20 世纪初东南亚农民对生存权利的诉求，再到 21 世纪跨国农民组织的政治运动对人权、农业改革、环境、可持续农业、生物多样性等的关注，道德经济被赋予了多项重要的议题，同时也具备了多维度的内涵。

2. 对道德经济内涵、关键元素的阐述和论证

这一方面的代表人物主要以威廉·詹姆斯·布斯（William James Booth）、尼古拉·彼得森（Nicolai Peitersen）、亚当·阿维森（Adam Arvidsson）等的研究最为深入。众多学者从 E. P. 汤普森的道德经济概念中得到启发，运用道德经济方法去研究各自所关注的

---

① Snell, K. D. M. Annals of the Labouring Poor: Social Change and Agrarian England, 1660 - 1900 [M]. Cambridge: Cambridge University Press, 1987: 100.

② Pinkerton, Evelyn. The Role of Moral Economy in Two British Columbia Fisheries: Confronting Neoliberal Policies [J]. Marine Policy, 2015, 61 (5): 410 - 419.

③ Cieslik, Katarzyna. Moral Economy Meets Social Enterprise Community - Based Green Energy Project in Rural Burundi [J]. World Development, 2016, 83 (5): 12 - 26.

问题，从乡村共同体的经济运行方式到组织的经济政策的制定，人们都采用这种方法，因此这种方法对许多问题，特别是对研讨经济组织的运行方式问题产生了越来越大的影响。而其重要的理论价值也随着各领域道德经济研究的广泛开展，而得到学者们的认可。道德经济学（moral economics）甚至成为一个新的研究领域或学科，出现了一批道德经济学家（moral economists）。他们的诸多主张引起了学术界的长期争论，正如威廉·詹姆斯·布斯（William James Booth）所言："少有争论如围绕着道德经济学家、其他学科中的相关学者及其批评者们的著作的争论一样的持久。"①

来自不同领域的学者对道德经济学派的主张也明确提出质疑，如政治经济学家罗伯特·贝茨、艾米·法默·柯里（Bates and Curry）在《共同体与市场的对抗：集体村庄的记录》（*Community Versus Market：A Note on Corporate Villages*）中认为，根据道德经济学家的观点，农民共同体"并非以最大化总产出为目的来分配资源"，而是确保"重要的价值观"，其中最重要的价值观是"生存保障"，也包括"公正"。他们以农民社区的主要分配制度跟市场相比事实上并不能更好地确保生存和保护其他的价值观来对道德经济学家的观点展开了批评②。对此，威廉·詹姆斯·布斯在《关于道德经济概念的注记》（*A Note On the Idea of the Moral Economy*）一文中反驳了罗伯特·贝茨、艾米·法默·柯里对道德经济的理解，提出了对道德经济理论的不足之处和其价值的看法，他认为斯科特意图论证的一点是：村

---

① Booth，William James. A Note on the Idea of the Moral Economy [J]. American Political Science Review，1993，87（4）：949.

② Bates，Robert H. and Curry，Amy Farmer. Community Versus Market：A Note on Corporate Villages [J]. American Political Science Review，1992，86（2）：458.

庄中非经济手段（如互惠、再分配）的使用不光是经济现实（物质短缺、生存风险）和个人求生存的经济理性所决定的，同时也是村庄的文化、道德共识所决定的。他提出道德经济理论试图恢复到目的论的问题和经济服务于善的问题上。由此，道德经济是一种经济学，这种经济学以社会架构中的制度和价值观作为中心来定位经济，因为它关注经济应该服务于什么目的或善的问题并以其为引导，所以它具有规范性的维度①。

政治学家波普金（Samuel L. Popkin）于1979年在《理性的农民》（*The Rational Peasant*）一书中，对斯科特的道德经济进行了全面的批判。斯科特认为，农民应该在与其所持有的确保生存权利的社会和文化价值观的关系中被理解，这种看法受到了波普金的质疑，波普金认为，农民是理性的问题解决者，是利己主义的、追求利益的经济主体，而斯科特把前殖民地时期存在不公和艰辛的村庄浪漫化了，当时的农民并非是执着于过去，而是在看似理性的成本和收益的经济计算中形成了相互作用的关系②。斯科特对动荡的解释是设定在世界粮食价格下跌和自然灾害时期进行的，就这一点，有学者认为，斯科特所选的缅甸和越南的案例似乎极为符合他的解释模式。

面对来自多个方面的质疑，斯科特本人在2005年发表了《后序：道德经济、国家空间和分类暴力》（*Afterword to ' Moral Economies, State Spaces, and Categorical Violence'*）予以回应。他指出，20世纪

---

① Booth, William James. A Note on the Idea of the Moral Economy [J]. American Political Science Review, 1993, 87 (4): 951.

② Popkin, Samuel L. The Rational Peasant: The Political Economy of Rural Society in Vietnam [M]. Berkeley and Los Angeles, California: University of California Press, 1979: 245 - 251.

早期，缅甸和越南的农民处于被纳入更无情的状态和更大的市场关系的阵痛中，他们的反应是一种自我保护，所采用的形式是试图恢复和实施某些来之不易的应由大地主及当地精英履行的最小生存权利的协议；同时，他们呼吁一种旧时的更为灵活的税收制度。在文中，斯科特一再重申：过去的社会保障形式从未被看作是利他主义的或当地精英和国家的高贵责任。相反，这些社会保障形式是防止处于困境的农民，为了维护其生存权利，采取盗窃、纵火、暴乱、反抗等威胁性的反应行为①。斯科特所说的保守的农民完全是理性的，对市场的抗拒也是保障生存的最理性的选择，因为市场的风险才是对生存最大的威胁。而波普金所描述的那些积极参与市场经济并从中获利的农民，也是在理性地以经济手段解决经济问题，只不过他们面临的经济环境不一样而已。所以，斯科特与波普金结论的不同（或者说发现的不同），并不是因为他们对农民经济理性的认识不同，而是彼此所观察的社会情境（social context）不同。以马克·埃德尔曼将"农民的道德经济学"的主题放到当代全球化的政治中为例，斯科特论证了他的论点在其他领域的运用。

事实上，这些对道德经济解释模式的局限性的质疑，在道德经济被成功地运用于其他案例的探究中不攻自破。马克·埃德尔曼运用道德经济理论对全球化时代背景下跨国农民运动进行了研究，在这种研究中，他论证了道德经济话语在反对 WTO 农民跨国运动中的持续相关性。他认为，斯科特描述的 19 世纪晚期到 20 世纪早期东南亚农民的"公平"概念与其他时代和地区的人们所持有的观点

① Scott, James C. Afterword to "Moral Economies, State Spaces, and Categorical Violence" [J]. American Anthropologist, 2005, 107 (3): 397.

并无太大的差异性，虽然当前针对商品化的具体资源异于一个世纪以前，但影响农民的道德话语却非常相似。“生存权利”仍然是重要的。对于近几十年来的世界不同地区的农民运动而言，“生存权利”已经拓展到了“继续当农民的权利”。埃德尔曼提出，旧道德经济关于公平价格、对土地的使用权、不公平的市场和权力者的贪婪的话语与21世纪反对全球贸易自由化、世界银行以市场为基础的土地改革项目及共同努力获得更大的食物供应和植物种植控制权的斗争相呼应。

尽管自汤普森提出道德经济开始，这一概念经历了一系列不同的，甚至是有分歧的解释、修正、扩展，乃至误解，但总的来说，其研究范式得到了广泛认可。虽然道德经济最初似乎是问题的决定性的解决方法，但其后续研究引领我们将其看作是开拓抗议行为研究视野的动力，在大量相关研究中，道德经济有了多项广泛而持续的议题，逐步从一种对民众抗议行为进行分析和解释的方法转变为一种被用来解释某现象的理论。

3. 关于怎样发展道德经济的研究

丹麦学者尼古拉·彼得森、瑞典学者亚当·阿维森的著作《道德经济——后危机时代的价值重塑》（*The Ethical Economy*：*Rebuilding Value After the Crisis*）是关于怎样发展道德经济的研究。随着该书的问世，道德经济突破了其为现象解释性理论的屏障，展现出其所具有的规范性维度。作者把道德经济理解为一种经济模式，与作为研究范式的道德经济有一定区别，强调将道德价值广泛地渗透到经济价值的决策之中，并促使整体道德或美德成为追求经济利益背后的直接驱动因素。他们认为，在人们对经济价值的创造和道德价值的贡献的认识达到统一时，便有望实现道德经济。在文中，作者阐述了围绕价值是一种信念而非某种客观存在，建立一个新型价值机制是发展道德经济的途径。该制度框架以生产性公众的出现、金融的市场化及互联网的扩散为基础，其中，生产性公众所代表的是公共经济中财富创造的组织方式，金融市场代表着价值链日益网络化和全球化趋势下的价值决策方式和财富分配方式，而“公众情绪”则使多元化的价值准则得以比较和评估，从而为价值决策提供依据。在这种新的价值机制框架中，道德经济制度化，价值序列得以扩展并用于经济决策，商业成为可持续发展的力量。然而，生产性公众、金融市场和“公众情绪”相结合只是意味着道德经济形成的可能性。要将这三个要素纳入一种统一的、为多重体制中的价值决策提供依据的“价值机制”，还需要一种依赖于政治手段的制度框架，这种制度框架能推出一个价值决策的新准则。

通过上述国外道德经济研究现状的考察，不难看到，国外学界对道德经济的研究呈现出以下几个特点：一是研究视角多元。国外学界对道德经济的研究涉及三个方面的内容，有运用道德经济的分析范式探究民众抗议行为的原因，有对道德经济内涵、关键元素的阐述和论证，有对怎样发展道德经济的探讨；多个学科领域的学者，从各自的视角对道德经济提出了自己的看法，如政治经济学、历史学、人类学、政治学等。二是研究方法多样。既有经验性研究，也有规范性研究。三是研究具有一定深度。国外学者对道德经济的研究，由最初仅仅将其看作是一种经济分析范式，到对其内涵、关键元素的阐述和论证，建构和完善道德经济理论，再到探讨怎样发展道德经济，这一研究历程反映了该研究领域是一个逐渐深化的过程。

（二）国内相关研究现状

总体而言，我国学术界对道德经济的研究尚欠深入，该概念直到20世纪90年代初才出现在学者们的论著中。与道德经济研究在西方学界的成果迭出相比，国内学界的相关研究起步晚且成果不是那么丰富，大致可从如下几个方面寻求原因：一是中国自1978年12月党的十一届三中全会起所实行的对内改革、对外开放政策。建立社会主义市场经济体制是社会转型时期的重点课题。在大力发展市场经济的时代背景下，无论是实务界还是学术界关注的重点是市场经济的发展。二是在大力发展经济的指导思想中，“经济人”理论在经济社会领域大行其道，在倡导以国内生产总值（GDP）增长来衡量人民生活品质提升的模式中，在密切关注经济增长的指数中，经济发展的目的迷失在对物质和金钱财富的追寻中。

如前所述，目前国内道德经济相关的研究成果并不丰富，已有的研究主要是对道德经济概念作出解读和简要评介、对道德经济特质的阐述，也有学者对怎样发展道德经济进行了论述。

1. 关于何谓道德经济的研究

国内研究中，汤普森的道德经济学概念最初由沈汉（1992）提及并做了简要的介绍，之后，沈汉、王觉非（1994）再次提到该概念。其后，有学者相继对该概念做了评述，如吴英（1996）、郭于华（2002）、李培锋（2004）等。吴英在《评斯科特的“小农道德经济说”》一文中评介了道德经济研究的方法论。她认为，斯科特从传统社会特定生产关系层面多种因素的相互作用出发，以社会互动的视角，从社会关系网中，对小农的生产动力因素、生活追求、维持家庭生计的手段等方面作出考察，从而研究了基于社会权利和社会义务同在的乡村共同体内经济的互惠制，并揭示了特定社会文化所塑造的小农的价值取向和道德观念[①]。郭于华对“斯科特—波普金论题”（“道义经济”和“理性小农”之争）发表了自己的看法，提出斯科特的“道义经济”研究揭示了，对农民行为的探究需要放在特定的生存境遇、制度安排及社会变迁的具体背景中进行，“道德经济”模型对探讨当前农村社会的现实问题具有十分重要的意义[②]。李培锋（2004）认为“道德经济学”概念是“史学界对英国社会转型时期民众粮食骚动研究所取得的一项重大理论成果”，道德经济学从非经济因素探讨粮食骚动的原因在理论上摆脱了经济决定论的束缚[③]。之后李培锋（2010）又进一步说明了“道德经济学”概念的重要意义，他提出，关注穷人的道德经济学有助于我们认识当时经济变革中出现的意料之外的问题与不足；有助于我们完善古典政治经济学一直以来所倡导的“自由放任 ”理论，构建经济调控理论；有助于我们领略特定背景下的穷人在经济转轨阶段的深切感受与立场，全面认识解决穷人发展问题的重要性，把握努力的方向，从而开创一条穷人与富人双赢的经济发展道路[④]。刘金源（2010）认为“农民的道义经济学”揭示了生存对于农民的意义所在，道德经济学研究对众多正在经历现代化的后发展国家具有现实意义[⑤]。童小溪（2013）认为“道德经济”这个概念旨在强调社会或社区中被普遍接受的公正观念、公平观念在经济实践中的重要作

---

① 吴英．评斯科特的“小农道德经济说”［J］．天津师大学报（社会科学版），1996（2）：18.

② 郭于华．“道义经济”还是“理性小农”［J］．读书，2002（5）：109－110.

③ 李培锋．汤普森的“道德经济学”概念评述［J］．史学理论研究，2004（2）：134.

④ 李培锋．欧美穷人道德经济学研究评析［J］．国外社会科学，2010（1）：43.

⑤ 刘金源．农民的生存伦理［J］．中国农村观察，2001（6）：53.

用，尤其是基于非功利的、非营利的生产和分配行为中的重要角色。他提出，道德经济的历史实践，从不同角度印证了庸俗经济学“市场—国家”二分法的局限性，表明非营利行为和非营利制度是人类漫长历史中的常态，作为社会行动者的人，在创造和分配财富的经济生活中，也带着非营利的动机①。马腾·戴闻达（Maarten Dujvendak，2015）从特定的经济社会和文化发展历史背景中探寻荷兰北布拉班特省和格罗宁根省两地在1830～1850年的20年间发生的大规模的抗税斗争的差异性的原因。他认为相比于格罗宁根地区，在抗税斗争中，道德经济在北布拉班特地区发挥的作用更为明显。他认为运用“道德经济”概念分析集体抵抗动机是必要的，也是非常关键的。因为，这一概念表明：人际关系之间的行为与舆论约束社会团体之间的经济关系②。

国内学界有学者试图界定道德经济。如雷羡梅（1998）认为道德经济“不是操作型的经济运行形式，而是一种观念型的参与经济，它表明经济要素在经过道德过滤后，进入市场经济的轨道，以规范的行为参与经济运行的特点。”③ 龚天平（2006）对道德经济的界定是“所谓道德经济，是指市场经济主体自觉地遵守伦理规范并用伦理价值观来指导自己的经济行为的经济形态。从认识论的角度看，道德经济是一种关于经济活动的思维方式；从价值论的角度看，它是一种伦理价值观，或者说是一种以伦理价值观为指导的经

① 童小溪．当代社会的道德经济：非营利行为与非营利部门［J］．中国图书评论，2013（10）：63－64.

② Maarten Dujvendak．道德经济及其超越——19世纪荷兰农民抗税研究［J］．石家庄学院学报，2015（5）：10.

③ 雷羡梅．经济道德与道德经济新探［J］．福建论坛（经济社会版），1998（1）：47.

济行为。”[①] 其后，在《论伦理经济》一文中，龚天平（2015）又提出，伦理经济即道德经济，而“所谓伦理经济，是经济主体运用经济伦理规则来引导、规范和塑造自身的经济行为，并监督、控制经济运行过程，以着眼于实现某些伦理性目的的经济活动。”[②] 刘淑青（2007）对17世纪初英国民众骚动的原因进行了描述和分析，认为骚动与农村经济变化造成民众生存艰难这一经济因素有很大关系，同时不容忽视的是，骚动背后是民众的价值规范和思维方式，提出骚动从某种程度上可以说是传统的道德经济与市场经济两种不同的价值观念的碰撞。由此他也同龚天平一样认为，道德经济是“市场经济主体自觉地遵守伦理规范并用伦理价值观来指导自己的经济行为的经济形态。从价值论的角度看，它是一种伦理价值观，或者说是一种以伦理价值观为指导的经济行为。”[③]

经济学界对道德经济进行过研究，如学者厉以宁、罗卫东等。厉以宁提出市场必须要有完善的道德力量的调节，在有效的道德力量调节下，市场才能更好地起作用[④]。罗卫东从经济学角度对法和道德的区别进行了分析，认为在一定的条件下道德规范的某些方面会转化为法治形态，从而“作为法制经济的市场经济必然也是一种道德经济。”[⑤] 制度经济学学者比如卢现祥、黄少安等也都研究过伦理道德、意识形态对经济发展的重要影响，颇有道德经济意味，但还没有明确提出道德经济范畴。

---

① 龚天平．道德经济：一种新的经济价值观［J］．江汉论坛，2006（3）：58.

② 龚天平．论伦理经济［J］．广东社会科学，2015（1）：77.

③ 刘淑青．17世纪英国道德经济与市场经济价值观念的碰撞［J］．求索，2007（4）：81.

④ 厉以宁．效率、道德调节和社会和谐［J］．紫光阁，2014（5）：30.

⑤ 罗卫东．论道德的经济功能［J］．中共浙江省委党校学报，1998（2）：40.

2. 关于怎样发展道德经济的研究

学界在探寻道德经济之内涵的基础上，也对如何发展道德经济即道德经济发展方法问题进行了探讨。在《经济道德与道德经济新探》一文中，雷羡梅对经济道德和道德经济进行了区分，提出道德经济集物质进步和精神文明为一体，发展道德经济要采取政策与法律的手段，将社会道德置于监督之下，以有效地保证经济活动的规范性和严格性；营造良好经济发展环境，确保经济的良好发展态势；进行持久的精神文明建设，用精神文明建设为道德经济导航①。王小锡在《经济伦理学——经济与道德关系之哲学分析》一书中对社会主义市场经济做出了分析，提出发展道德经济的可行途径是以具有公正价值取向的集体主义道德原则为价值导向，协调公德和私德，法治和德治并举②。张志丹提出，通过提升道德软实力、实行道德经营的方法来发展道德经济③。龚天平在明确界定道德经济概念的基础上指出：当代市场经济应该走向道德经济，主张以“市场—政府—社会”三维社会结构体系为总体背景实践道德经济。在市场维度，依托社会主义基本经济制度，充分利用市场的自愿自发激励机制；在政府维度，以社会主义民主政治制度保障政府的公益性目标；在社会维度，将市场的自愿机制和政府的公益目标相结合，发展公益经济④。

就当前国内道德经济的研究状况来看，具有以下几个方面的特点：一是当前我国有关道德经济的理论研究主要以介绍国外道德经

---

① 雷羡梅．经济道德与道德经济新探［J］．福建论坛（经济社会版），1998（1）：48.

② 王小锡．经济伦理学——经济与道德关系之哲学分析［M］．北京：人民出版社，2015：124－127.

③ 张志丹．论道德竞争力［J］．道德与文明，2013（3）：36.

④ 龚天平．论伦理经济［J］．广东社会科学，2015（1）：83－84.

济研究成果居多。二是有少数学者尝试对道德经济进行独立的理论思考，但是研究还很不充分，对道德经济概念还未达成一致的看法，对有关道德经济更深层次的理论问题很少涉及。三是对我国道德经济的发展问题，如道德经济的运行机制、发展路径等问题已有相关研究，但总体看来，尚有进一步深入探讨的空间。总观国内的道德经济研究，在已有成果中，学者们注重对这一概念的本质的探寻，为深入研究道德经济奠定了坚实基础，值得引起我们的高度重视。

通过考察国内外学者对道德经济的研究状况，我们不难认识到，国外道德经济研究成果丰富，在系统的研究中，道德经济概念完成了由一种探究民众抗议行为的研究范式上升到一种价值观的演变，国内对道德经济的研究主要是概念的评介、梳理和著作的翻译。与国外道德经济研究相比较，国内相关研究起步晚，缺乏微观层面的实证研究和系统的理论研究。

三、研究思路、研究方法及创新点

（一）研究思路和主要内容

本书以“经济新常态下中国道德经济发展”为研究对象，旨在解决的问题是：如何推进中国道德经济的发展。而要对这一论题做出解答，必须立足于当前的时代背景，从中国经济建设的现实需要出发，在厘清道德经济概念，明确道德经济特征，系统考察道德经济兴起的理论背景和社会背景的基础上，开展中国发展道德经济的研究和分析。本书所揭示的发展方式是，中国在经济新常态下发展道德经济要在市场经济体制下，以企业为主体，以政府为主导，社会组织参与，如此才能为道德经济的发展营造和创设良好的社会环境。根据这样的研究定向，全书在导论交代选题背景，对国内外研究现状进行梳理，在第一章对道德经济概念进行界定的基础上，分为五章对此进行深入细致的描绘：

第二章主要论述道德经济的三种基本道德价值观。经济形态有其特定的伦理目标和价值追求，作为经济组织方式的道德经济也秉持一定的基本道德价值观。效率是道德经济的基本规定，信用是道德经济的经济伦理价值取向，秉持公平是道德经济的道德维度。

第三章主要介绍当前中国道德经济发展的社会经济背景。在科技迅猛发展、生产力极大提高、信息社会和社会组织兴旺繁荣、生产性公众不断壮大的现代社会，道德经济作为与当前生产关系相适应的一种新的经济组织方式在经济领域蓬勃兴起。当前，中国进入经济发展新常态，作为一个经济发展阶段的经济新常态以社会主义经济制度为前提，社会主义伦理价值使其获得精神合理性，构成经济发展的伦理动力，并为经济发展提供价值定向，确保经济发展沿着正确的轨道前行。在新常态下，效率增长方式、方法的转变是经济发展的基本价值追求，公正是经济发展的道德价值目标，社会责任是经济发展的重要道德价值追求。这样的时代背景为中国发展道德经济提供了良好条件。

第四章主要论述中国道德经济发展应该以市场经济为平台，以企业为主体的依据、意义和方法。市场经济具有的自愿自发激励机制是市场高效率的动力系统，同时，以利益为驱动力，意味着主体自我做主、自我负责，从道德上尊重和承认经济主体人格的自愿自发激励机制，也是市场经济的道德内涵，从而构成中国发展道德经济要以市场经济为平台的依据。企业具有道德责任能力，是利益性与契约性的存在，是过大权力的拥有者，这构成企业作为中国道德经济发展主体的根据和理由。在市场平台上以企业为主体发展道德经济，企业要充分利用市场自愿自发激励机制，公有制企业要发挥“公有”潜能，非公有制企业要充分释放创造活力。

第五章论述中国道德经济发展应以政府为主导力量的依据、意义和方法。经济效益和社会效益是道德经济的两大目标，因此，中国发展道德经济，除了以企业为主体，发挥企业承担道德责任的能力，政府也要起主导作用，引导道德经济的发展。在经济新常态下，政府在中国道德经济发展中的主导责任为发挥公益性职能、维护公平正义和遵循新型“责任伦理”。在政治和法律约束下依法行政，合理调节资源配置方式并加强市场监管以维护公共利益和社会公平，提供优质公共服务以满足公众需要和社会需要，是政府引导道德经济的方法。

第六章主要论述中国道德经济发展要发动社会组织参与的依据、意义和方法。在现代社会中，市场经济体制发挥着重要作用，然而，市场的积极面充分展现的同时，其消极面也不断涌现，为纠正“市场失灵”，政府被寄予厚望，当政府作用未能达到预期效果时，具有公益、团结、参与属性的社会组织的作用被重新挖掘。当前，具有正义、公平、和谐、不伤害、无损害等一系列价值追求的社会和谐安宁是中国社会组织的伦理目标，带着这样的目标，社会组织将与市场和政府相互监督、互为补充、相互制衡，一方面，以社会权力平衡国家权力，抑制政府的官僚主义；另一方面，以社会权利平衡和清除资本权利的侵蚀，弥补市场失灵所造成的缺失。只有这样，社会主义市场经济才能够发挥其内在优越性。社会组织参与道德经济发展，要充分发挥感召公众、说服人心的道德优越性，加强自我管理，积极发挥作用并提供社会公共服务。

最后，结语部分对中国道德经济发展进行总体构建。经济新常态下，中国经济走向道德经济之路，宜采取这样的逻辑：以企业为主体，由政府主导，社会组织参与。企业、政府和社会组织在目标和功能上相互依赖、互为补充，三者结合为一个有机整体。其中，企业开展具体的经济活动，参与商品的生产、分配、交换和消费过程，从而实现资源的优化配置；政府通过制定政策、制度，引导和推动道德经济的发展；社会组织则促进人们共同价值观的形成，凝聚社会各方力量进行道德经济器，引导企业的行为方向，社会组织是“助推器”，支持和帮助道德经济发展。企业、政府、社会组织通过相互支撑、相互依存、相互补充，发挥各自的作用从而实现道德经济的发展。

（二）研究方法

本书将以历史唯物主义方法为指导，坚持历史与逻辑相统一、理论与实际相结合的原则来研究经济新常态下中国道德经济发展问题。同时将采取如下具体方法展开本书的研究内容：

第一，价值（或规范）分析法。与社会学、历史学、人类学研究道德经济不同的是，经济伦理学是价值科学，对事物、现象进行价值分析是其学科属性所决定了的。经济伦理学认为，只有以社会制度和共同价值观来主导经济行为，经济秩序方能得以保障。以服务于社会为目的，应该构成道德经济的坚定立场。当然，社会学、历史学、人类学也主张道德经济应以服务于社会为要务，但他们只是停留于经验性、描述性的层面，并不给出规范性结论。在经济伦理学视野里，道德经济作为一种经济组织方式，有着两个重要目标：一是经济价值的实现；二是社会价值的落实。其中第一个目标表明道德经济的“经济”属性，第二个目标表明道德经济的“伦理”属性。之所以说需要落实的社会价值是属伦理的，是因为对于经济主体来说，社会施加于它们的“限制或要求通常是道德性的”，它们不敢也不能对这种限定视而不见。它们一方面是社会的服务者，另一方面又是“社会的组成部分，必须以社会作为其生存与发展的基础和保证”，因而落实社会价值是道德经济主体责无旁贷的使命。

第二，历史唯物主义分析法。前面对道德经济的界定表明，道德经济依系于社会制度的引导和社会成员的共同价值观的推动，其对社会价值和经济价值双重目标的这种追求，从历史唯物主义基本原理来看，并非是偶然的，而是具有其历史必然性。当我们把经济新常态下中国道德经济发展视为经济伦理学的主题时，我们就应该以历史唯物主义方法来考察、审视它。历史唯物主义认为，生产力的发展和进步是社会发展的根本力量，任何社会的经济活动形式都不过是一定社会生产关系的反映，这种生产关系必定与一定社会生产力相适应。生产力的运动、变化和发展决定一定生产关系的形成、发展和变更，同时，生产关系又反作用于生产力：当生产关系适应于生产力的发展时它就是生产力发展的促进力量，当生产关系不适应于生产力的发展时它就是生产力发展的桎梏或枷锁。同理，经济与生产力之间的关系也就是生产关系与生产力之间的关系的反映。因此，道德经济的产生从根本上说就是生产力发展和生产关系变革的必然结果。随着生产力与生产关系的矛盾运动，生产力和生产关系与过去相比都发生了巨大变革，取得了长足发展，而经济组织方式也相应地处于更迭变换之中。

众所周知，迄今为止人类社会共经历了三次巨大的技术革命，从开创了人类大机器时代的第一次英国工业革命到使人类进入了电气化时代的第二次工业革命，进入21世纪，我们又面临第三次工业革命。这次革命将再生能源引发的能源互联网与数字信息智能相结合，将导致工业乃至世界发生重大变革，还将导致社会生产方式、制造模式和生产组织方式等方面发生重大变革，促进人类社会进入绿色低碳、生态和谐、智能开发、可持续发展的社会，促使人类文明达到前所未有的新高度。第一次工业革命诞生了拥有大型机器或设备的工厂，以工厂为商业组织，第二次工业革命诞生的商业组织方式是公司或企业，第三次工业革命正呈现突破性发展，这次的革命让世界变得更加智慧。以大数据、云计算和智能网为代表的新一代信息技术的开发和应用，将带来生产方式和产业组织方式的重大变革，形成信息社会发展的新浪潮。显而易见的是，数字化、智能化、网络化对全球产业、经济及社会发展产生了全局性影响，会引发人类生产方式的变化，对经济社会发展方式也必将产生重大影响。生产的网络化、社会化趋势不断升华，众多小企业联网生产逐渐取代了大工厂生产和整合性的企业。生产不再在受控的大工厂中进行，遍布于各个社会关系网点中，生产关系渐渐推拓开来并接近比之更为广泛的社会关系。经济主体只有在遵守一套共同价值观的前提下开展交流与合作，除了利润和销售，他们关心的问题也更加广泛、包容并带有极强的综合性。同时，他们意识到如果还是站在工业时代思考经济组织方式，按照工业化模式视经济增长为发展，只注重利润的逻辑显然造成的是现实与追求之间的巨大冲突和裂痕。我们需要的是道德经济这样一种新的经济组织方式，其所具有的高度灵活性和包容性，所包含的连续而广泛的议题，能适应当前的生产力和生产关系的辩证运动。

第三，案例分析法。实践是认识的来源和动力，是检验真理的唯一标准。根据马克思主义的理论联系实际的原则，理论来自实践。通过案例研究了解道德经济的内容、深入挖掘其内在规律、发现道德经济蕴含的客观真理，从而提炼并归纳出最科学的道德经济理论。经济伦理学研究产生于企业解决发展中现实问题的迫切需要，旨在为经济决策提供依据、为经济发展创设价值目标、为经济运行建立有效的道德规范和秩序保障。来自实际的科学理论才能更好地指导实践活动，科学的经济理论才能正确地指导现实的经济活动。剖析道德经济实践案例，了解道德经济产生和发展的背景，深入考察其兴起的各种因素，才能突破理论研究处于表层的局限、抓住实质问题，从而研究和分析问题并达到指导实践的目的。

本书研究的目的是对中国道德经济的发展进行理论探讨，希望对实践产生指导意义。因此，在论述过程中运用了大量相关案例来进行论证，以增加文章立论的证据和说服力。

四、可能的创新点与不足

（一）创新点

（1）论题的前沿性。本书选取道德经济为研究论题，在论题的选择上具有前沿性。道德经济研究源自西方，始于20世纪70年代，该概念一经提出就在西方学界引起了一股研究热潮，而我国学界自 20 世纪 90 年代才有学者引入道德经济概念，已有的研究停留在解读、评介、特质阐述、尝试界定上，还没有学者从经济伦理学角度对中国道德经济发展进行系统研究。所以，本书论题具有理论前沿性。

（2）从经济伦理学角度对“道德经济”概念进行新的界定，并阐释其四个方面的内涵。这种详细诠释在学界现有成果中尚不多见。

（3）通过论证市场作用与道德经济的关系、政府作用与道德经济的关系、社会组织与道德经济的关系，初步探讨了在中国特色社会主义市场经济条件下，以企业为主体发展道德经济的方法、政府主导道德经济发展的具体对策和措施、社会组织在道德经济发展中积极参与的途径和方法。

（二）不足之处

本书的不足之处主要表现在因为本书论题是一个跨经济伦理学、经济学、社会学、政治学、管理学等多学科的交叉性、宏大性问题，而由于本人学力不逮，所以在对论题的整体把握、深度研究上难免挂一漏万，有所缺失。所有这些不足，都有待于本人将来进一步深入学习，多方求教，精心研究，以弥补于万一。

第一章

道德经济的界定及其理解

以中国道德经济发展为研究主题，首先必须对道德经济做出正确解读，因为厘定道德经济概念的内涵，正确理解该概念是本书研究的基础。

第一节　道德经济的内涵

一、E. P. 汤普森对道德经济的原初理解

E. P. 汤普森（E. P. Thompson）在 1971 年发表的 *The Moral Economy of English Crowd in the 18th Century*（笔者将其译为《18 世纪英国民众的道德经济》）一文中最先提出道德经济概念，他认为，18 世纪英国民众抗议的根本原因在于大地主和中间商的行为没有遵守社会规范、履行其应尽的义务，违背了他们的道德经济。汤普森的道德经济概念，是指探寻民众在食物市场中的抗议行为的原因应

该到民众的观念中寻找，从非经济因素中探讨。

汤普森的道德经济概念提出后就受到各方质疑。1972 年 A. W. 柯兹（A. W. Coats）发表了《对立的道德：平民、家长主义者和政治经济学家》（*Contrary Moralities*：*Plebs*，*Paternalists and Political Economist*）一文，他在文中提出，汤普森的中心论点是自由市场模式总是不利于穷人的，而他则持有相反的看法，认为自由市场模式是最理想的类型，因为这种模式阻止农民和中间商以消费者为代价大幅度篡改价格①。1973 年伊丽莎白·福克斯·基诺维斯（Elizabeth Fox Genovese）将汤普森的道德经济看作是传统经济学概念，并将其与古典经济学进行了对比分析，他认为，汤普森的道德经济是对家长制统治的辩护②。18 世纪英国民众抗议的根本原因在于大地主和中间商的行为没有遵守社会规范、履行其应尽的义务，违背了他们的道德经济。他说："当然，暴乱的确是由飞涨的价格、交易商的不法行为和饥饿所引发，但这些不满在关于销售、碾磨和烘焙等行为中哪些是合法行为和哪些是不合法行为的广泛共识中起作用。反过来，该共识以对社会规范和责任、共同体内不同部分的恰当经济功能的一贯传统观念为基础。这些社会规范、责任和共同体内不同部分的恰当经济功能一起构成了穷人的道德经济。"③ 显然，汤普森的道德经济是指在市场上购粮权利的对抗中，那些围绕"饥荒时期食物市场"的信念、惯例、习俗和深厚情感。

---

① Coats，A. W. Contrary Moralities：Plebs，Paternalists and Political Economists ［J］. Past and Present，1972（54），130－133.

② Genovese，Elizabeth Fox. The Many Faces of Moral Economy：A Contribution to a Debate ［J］. Past and Present，1973（58）：161－168.

③ Thompson，E. P. The Moral Economy of English Crowd in the 18th Century ［J］. Past and Present，1971，50（12）：78，79.

美国人类学家詹姆斯·斯科特在继承汤普森道德经济概念的基础上，展开对农民抗议行为的研究，其代表性著作是《农民的道义经济学：东南亚的反叛与生存》（*The Moral Economy of the Peasant*）。斯科特分析了19世纪末到20世纪初东南亚农民在资本主义冲击抗议的原因。因此，斯科特的结论是农民抗议的原因常常是他们的生存受到了威胁，对其道德经济的破坏于国家有可能产生不可预料的后果。斯科特所用的“道德经济”概念与汤普森的“道德经济”概念相似，其核心都是生存至上，侵犯生存底线的经济行为就成了“不义、无道”的行为。但前者所强调的不是消费群体在食物市场中的参与，关注更多的是生产者对公平价格（包括公平租佃和公平税收）权利和对土地的使用、拾落穗和捕鱼权、土地拥有者对财产优先等权益的期盼，以及对农民和精英彼此联系的再分配机制和互惠形式的期待。运用“理性选择”理论，斯科特对共同体内的一系列经济运行方式进行了解释。他的道德经济指的是在一定时代背景下，特定共同体内的人们围绕“生存伦理”所形成的有关公正、公平的共识，及在此基础上所形成的习惯、规范、风俗和文化符号。

应该说，汤普森和斯科特的道德经济是一种研究方法，该方法注重对特定共同体内围绕确保其成员的“生存权利”的目标所形成的有关公平公正的共识的研究，其主张是经济的组织方式要确保其成员的“生存权利”，符合共同体成员有关“公平”和“公正”的共识，经济活动的运行要产生更有利于农民福利的道德后果。这样看来，他们的道德经济指的是特定共同体内的成员为确保生存权利而广泛持有的社会规范和文化价值观。

随着时代的发展，生存权利已被人权等广泛的议题所取代。虽然对道德经济的主张及其核心观点的论证非常丰富，但鲜有学者对道德经济的内涵做出明确界定。然而，在探讨道德经济时，人们对其内涵的正确把握无疑又具有决定性的意义。而在界定道德经济的内涵时，重点又应该是准确理解其理论核心，对此，笔者认为政治学家威廉·詹姆斯·布斯就道德经济提出的看法应给予特别关注。

因为道德经济这一概念是在成为人类学家、经济史学家、古典主义经济学家熟悉的领域之后，才进入政治学家和政治哲学家们的视野的，所以我们有必要简单回想一下政治思想的开端。众所周知，自西方政治思想一发端，亚里士多德就在《政治学》中描述了属于“共同体”（koinonia）的城邦（polis）是人们由于某种“共同利益”和“共同生活”的缘由而集合产生，它是群体内部平等个体之间的自由之所，旨在通过群体的共同活动来追求“共同善”（to koinon agathon）和“共同利益”（to koinon sumphéron）。这样，一个重要的问题就顺其自然地被引出：无论共同体是经济联合体还是通过共同活动追求生活中美好事物的群体，它都首先是与共有的公正观紧密相关的事物。随着针对该问题给出的不同回答之间所进行的论争的持续，政治学家和哲学家们逐渐将关注点放在了对明确的或易识别的经济组织形式的解释中。

让我们再回到威廉·詹姆斯·布斯这里，他在其《道德经济概念的注记》（*A Note on the Idea of Moral Economy*）一文中主张，共同体是追求道德经济的，这一概念的核心就是政治经济学家卡尔·波兰尼（Karl Polanyi）的嵌入式经济[①]。嵌入式经济即经济是制度型

① Booth, William James. A Note on the Idea of the Moral Economy [J]. American Political Science Review, 1993, 87 (4): 951.

构的过程，在该过程中不同的制度形式（再分配、互惠、交换）整合为经济活动[①]。布斯将嵌入式经济看作是道德经济的核心议题，这有着深远的意义，表明其主张是确保人类生计的生活物质的提供存在于非经济的制度中或通过非经济制度整合而成。布斯还提出道德经济的方法论和规范性的维度汇聚在对经济学作为一门学科的怀疑和对自由主义经济理论的质疑中，这种怀疑同时也是提倡一种经济从属于社会的制度和价值观的经济学。由此，布斯认为道德经济是一种由经济服务于什么目的或善的问题所引导的规范性理论[②]。之后，在《对道德经济的看法》（*On the Idea of the Moral Economy*）一文中，布斯又从制度性、解释性和规范性的维度对嵌入式经济和非嵌入式经济做了论述，也对道德经济理论进行了评判性的分析，提出了重构道德经济理论的核心要素，发展其规范性维度的建议。

通过分析嵌入式经济，布斯提出了另一种思考经济的框架，该框架指向两个相关路径：其一，在更广泛的共同体的建设中，经济学如果不将其研究嵌入经济的地位的首要解释中，它就是不完备的；其二，这种框架告诉我们，首要的解释必须由善的问题而得知经济和其维护的制度关系是什么及应该从属于什么。布斯认为，只有这样，我们才能超越权利、所有权的语言和构建经济的规范性研究的自由方式，因为“为了什么目的?”这一问题引导我们看到了那些以排他的权利和中立作为立场的理论的局限性，这些理论忽视了经济服务于什么样的善这一最基本的问题。在布斯看来，道德经济理论应该强调对共同体的研究，其制度以共同体成员终其一生所

---

① Polanyi, Karl. The Livelihood of Man [M]. New York: Academic, 1977: 35.

② Booth, William James. A Note on the Idea of the Moral Economy [J]. American Political Science Review, 1993, 87 (4): 953.

追求的理念为基础，由此形成完备的经济解释。“服务于什么善?”这一问题也是我们从事经济活动时明确我们行为的意义所必需的，这一点比最有效地进行经济活动的方式更为重要。这也就是说，我们必须从经济的从属性，从其“服务于什么目的”的立场来考察道德经济概念的内涵。

二、道德经济与经济道德

探讨道德经济，就不能不研究另一个与此密切相关的概念即经济道德，并讨论两者的关系。有许多学者将道德经济和经济道德在同等意义上使用，也有一些学者则主张区分，比如周荣华在《社会发展与道德经济学》一文当中着重指出，二者应区别对待，不应混淆，他认为，道德经济这一“经济”问题虽然是属于“道德领域”的问题，但其更侧重于道德建设的投入和产出之间的关系，道德建设本身的效益才是其追求的主要目标，从而实现道德的健康、快速发展，让经济社会和道德进步互相协调，共同实现和谐统一的发展①。从这一观点来看，道德经济则应归类于“经济学”的研究领域。

笔者认为，周荣华的理解是有道理的，道德经济与经济道德虽有密切联系，但并不能直接等同。“经济道德”的落脚点在“道德”，是指经济主体在经济活动中应该遵循的道德价值观念、价值原则和价值规范等，是一个道德价值规范系统；而“道德经济”的落脚点则在“经济”，是经济主体在一定道德价值观念指导下表现出的经济行为，是一个经济活动系统。例如，效率与公平是经济道

① 周荣华．社会发展与道德经济学［J］．江海学刊，1998（4）：101－105．

德和道德经济都关注的对象，但两者将其摆在不同位置。经济道德注重效率，但更注重公平，强调以公平来引导效率；道德经济注重公平，但更注重效率，强调以效率来促进公平。经济道德的目的是公平，效率只是手段；道德经济的目的是效率，公平只是手段。

经济道德与道德经济也有密切联系，两者均强调道德与经济的统一。从经济伦理学上看，两者都属于这一学科的研究对象。经济道德作为一种道德价值规范系统，是经济主体经济行为的指南，表现为经济主体的一种精神理念，当经济主体遵循这一指南和理念发出经济行为后必定形成一种经济状态，这一状态即是道德经济，因此，道德经济就构成经济道德的实践平台。从这一意义上看，道德经济是经济道德现实化后所形成的一个优良目标，表现为经济道德理想。道德经济作为一个经济系统，同样是由生产、分配、交换和消费构成的，其目的在于促进生产、分配、交换以及消费的道德化实现。基于此，我们就可以如此看待道德经济，即企业等经济主体在从事生产、分配、交换与消费等经济活动时，借助于经济道德规范来指导、调节、监督、操控自身活动，从而达成相应的道德目标的一种经济行为。当这种经济行为不断累积到一定程度，经济领域就形成一种经济与道德双优的卓越状态，即道德经济。正是在此意义上，道德经济构成经济发展的应然状态。

三、“道德经济”的定义

综上所述，我们可以从学者们自不同领域发表的关于道德经济的认知这一角度看出，他们都致力于探索一种不同于现行的以自利、利益最大化原则为基础的经济模式，强调经济的从属性和制度规范及道德价值观在经济中的主导地位。从学者们的这些论述出发，结合当前经济社会发展实际，笔者认为，所谓道德经济，是指以社会制度、道德价值观为主导，以服务于社会为目的，力图实现道德价值与经济价值相统一的经济行为方式或经济组织形式，是经济主体从事经济活动应该追求的理想目标，是社会经济发展的应然状态。以上道德经济的定义可以从以下几方面得到理解：

第一，就道德经济这一概念的构成来看，与政治经济学中的“政治经济”这一概念的构词法极为相似。美国政治经济学家詹姆斯·卡波拉索、戴维·莱文在分析这一概念时说：“我们通常以为‘政治经济’是‘政治’与‘经济’的整合，而很少认识到‘政治经济’这一概念的成立，依赖于‘政治’与‘经济’的事先分离。”① 当然，在指出两者的分离后，他们接着说：“把政治与经济区分开来并不意味着它们是完全分离、彼此孤立或彼此毫无联系的。这并不意味着政治与经济不会相互影响，也不意味着二者不在同样的具体组织结构中‘出现’。”② 随后他们分析了政治的三种理解，即“政治即政府、政治即公共生活以及政治即价值的权威性分配”③，梳理了经济的三种理解，即“‘经济’……指一种做事的方式”“指一种活动，其目的通常是（如在生产中）获得我们想要或需要的东西”“第三种用法把经济与市场制度联系在一起”④。在此

①② 詹姆斯·卡波拉索，戴维·莱文．政治经济学理论［M］．刘骥，等译．南京：江苏人民出版社，2009：9.

③ 詹姆斯·卡波拉索，戴维·莱文．政治经济学理论［M］．刘骥，等译．南京：江苏人民出版社，2009：11.

④ 詹姆斯·卡波拉索，戴维·莱文．政治经济学理论［M］．刘骥，等译．南京：江苏人民出版社，2009：27.

基础上，他们整理出以权力为中心的政治经济、以国家为中心的政治经济、以正义为中心的政治经济这样三种模式的政治经济学分析方法。本书在此借鉴此种分析方法，即在理解道德经济概念时，先把道德和经济分离开，但同时也考虑两者的密切联系，将道德和经济都植入整个社会系统，再考虑两者的各自位置，这就是，道德构成经济的前提性条件，经济由道德引领，以生产、分配、交换、消费等环节得以展开。经济伦理学在理解道德时，一般把道德分解为善、正义、责任等价值，因而我们也可以把道德经济敞开为以善为中心的道德经济、以正义为中心的道德经济、以责任为中心的道德经济这样三种行为方式。这三种行为方式的道德经济都是以服务于社会为目的。

第二，社会制度和道德价值观主导经济行为。任何经济都是一定社会历史条件下的经济，按照卡尔·波兰尼的说法，“经济”总是“嵌入”于社会及其制度框架之中的，也是受社会的道德价值观引领的；当经济“脱嵌”于社会制度框架和道德价值观，那么不仅经济会失序，社会也会失去稳定的基础性前提。道德经济学派也极力凸显社会制度和善、正义和责任等道德价值观对经济行为的制约性和引领性，强调道德经济是在一定的制度规范和道德价值观的引导下，有利于实现一定道德价值追求的经济学理论。至于道德价值观，结合当代社会经济发展前景，我们只能将其确定为善（特别是公共善）、社会正义、效率和社会责任等基本价值。其中善（特别是公共善）、社会正义和社会责任说明道德经济是“道德的”，而效率则说明道德经济是“经济的”。

第三，经济服务于社会，经济价值要与道德价值统一起来。道德经济毕竟是属于经济现象，是一种经济行为，如果与经济无关，那么这种现象就不能称为经济；但是，这种经济只能存在于社会及相应道德价值系统之中，社会及相应道德价值系统构成其背景和底色，没有社会及相应道德价值系统，经济也无法开展、型构。因此，社会及相应道德价值系统是经济的结构性规定，是经济的目的，即经济必须服务社会。这样看来，道德经济就是一种能切实实现经济价值与道德价值相统一的经济行为方式。从现实来看，当代各国经济发展的确取得了令人瞩目的成就，但也遭遇了社会及环境方面的诸多挑战。在当前市场经济的发展过程中，经济价值追求与道德价值追求的冲突不仅是导致当前市场经济领域秩序混乱的因素，而且是市场经济社会中一系列社会与环境问题的导火线，更是国际金融与经济危机的根源。这样的时代背景决定了人们都渴求一个更负责任的经济和更加公正的社会，一个经济价值与道德价值有机统一的社会。

第四，经济与社会及相应道德价值系统的统一性构成道德经济概念的基础性层面。正因为经济归根结底是服务于社会，所以相对于社会来说，经济是从属性的；正因为经济是受道德价值引领的，所以相对于道德来说，经济是被引导的。任何经济都有其终极目的，如市场经济是把利益最大化当作基本价值追求，道德经济则把社会目标、公平正义、社会责任当作最终目标，所以社会的道德规导经济。当然，道德经济也不能离开市场，相反它还必须通过市场走向道德的目标。布斯所提出的人们对于经济首先要思考“服务于什么目的”这一问题，这就是一种道德经济式的追问和考量，也说明道德经济作为一个概念，其基础性的层面是由经济与社会及相应道德价值系统的统一性所构成的。

还有一点必须交代的是，因为国外学界在研究道德经济时，有许多学者把它当作一种分析范式，笔者认为这种理解也是成立的，但更多的是把它当作一种判定某种经济行为方式的道德哲学性质的概念。众所周知，当代德国著名哲学家阿克塞尔·霍耐特在诠释社会历史发展进程时提出，自古希腊到中世纪的政治哲学把“什么是良好生活”当作论证主题，而近代政治哲学则把“为承认而斗争”当作论证主题。这就是说，自近代政治哲学起，其论证主题已出现了转向，承认问题、正义和权益问题构成中心任务。

“为承认而斗争”是由于两种原因：一是经济利益，即人们是为了寻求维持生存所必需的最为基本的经济条件；二是道德原因，即人们是为了寻求身心完整性，获得自信，挺立自尊。由此，人们对于历史上的社会冲突就获得了两种理解和解释模式：一是经济利益冲突模式；二是承认理论冲突模式。其中后者是对前者的延展。由此，前面所说的解释民众抗议行为的道德经济就成立了。日裔美籍政治学家弗朗西斯·福山说：“通常被视作经济动机的，其实不是理性欲望，而是寻求承认的欲望的表现……我们工作和赚钱的动机，与这些行为所能带来的承认联系更为紧密，金钱不是物质的标志，而是社会地位或社会承认的标志”①，我们是在“寻求经济上的正义”，即我们的“劳动应当取得跟他人相比公平的报偿”或“劳动的真正价值得到承认”②。福山所阐述的恰恰是道德经济，即以道德观念如承认、正义、劳动尊严引导的经济。只有当经济把道德因子

① 弗朗西斯·福山．信任：社会美德与创造经济繁荣［M］．郭华，译．桂林：广西师范大学出版社，2016：336－337.

② 弗朗西斯·福山．信任：社会美德与创造经济繁荣［M］．郭华，译．桂林：广西师范大学出版社，2016：337.

植入其中，使主体通过这种活动来获得承认和尊严，我们才认定这种经济是道德经济；只有当某种经济行为方式把道德价值作为奠基，并以此作为价值牵引动力，且以此作为评价经济发展后果的优先标准，我们才判断这种经济行为方式为道德经济。正是在此种意义上，笔者才认为道德经济是一种经济主体应该具有的行为方式，当众多经济主体都如此作为，那么社会经济发展必定达成这样一种状态。因此，相对于目前的现实状况来说，道德经济是经济发展的应然状态。

第二节　道德与经济关系的历史运行轨迹

道德经济是道德与经济关系发展的必然产物。根据历史唯物主义基本原理，在一定社会历史条件的制约和影响下，蕴含于人类历史发展长河的道德与经济的关系经历了一个复杂的演变与发展过程，且在这个过程中，二者的关系随着生产力的发展、生产关系的变革而变化和发展。从总体上看，道德与经济关系的历史运行轨迹呈现出道德与经济的混同——道德与经济的分离——道德与经济的统一，即统—分—统的发展过程，实际上这就是人类经济发展从道德经济到非道德经济再到新道德经济的历史辩证运动。

一、自然经济：道德与经济的混同

从经济形态上看，18 世纪中叶以前，人类社会处于自然经济状态。这一时期不存在社会领域、经济领域或政治领域的划分，人类活动表现为未分化的、自发的、混同的状态，没有独立的经济行为。在这一背景下，道德与经济的关系表现为两者的相互交错、自发同一。自然经济最典型的特征是道德制导经济，正是在这一意义上，自然经济是道德经济。自然经济中道德对经济的制导作用具体体现在以下三个方面：一是经济主体同时也是道德主体。自然经济中的经济主体是家庭，而家庭是以血缘和亲情而不是以经济利益为纽带建立起来的经济单位，显然，家庭首先是一个道德主体，然后才是经济主体，其作为经济主体不过是其作为道德主体必须承担的角色，经济活动的目的是维持家庭的正常运转。二是道德法则制导经济运行。自然经济状态中的主体主要是处理人与自然的关系，相应地，自然经济的运行机制受自然法则而非社会性经济法则制约，经济活动主要依从于道德法则，如经济行为的动力主要来自家庭存续的道德要求，而不是个人利益最大化欲求。经济关系不是建立在相互利益基础上，而是人情法则和道德准则。三是道德目的规制经济活动。自然经济下的经济活动不是一项独立的社会活动，它只是整个社会宗法道德活动的一部分或一方面：从微观上看，它是作为道德实体的家庭活动的一部分，服从于家庭的道德目的；从宏观上看，它是维护宗法伦理体制的一种手段，服从于社会宗法的伦理目的。这里需要注意的是，自然经济就是道德经济的论断，只是一种总体的说法，它只是表明这一时期的社会还没有出现领域分离，人的活动还处于“原始的丰富”状态，人与自然、人与人的关系还处于“人的依赖性”状态，经济从属于社会，经济活动与其他社会活动混同。但这并不是说商品经济并不存在，只是在自然经济状态下，自然经济是总体背景，在经济的运行中是普遍化的，商品经济只是在局部按其特有的利益法则运行。

二、商品经济：道德与经济的分离

18 世纪中叶至 20 世纪七八十年代，人类社会的经济形态进入商品经济时期。在这一全新的历史时期，社会发生领域分离，社会经济行为从人类其他行为中取得独立形态并获得普遍化，道德与经济的关系也相应地改变，表现为两者的相互对立、外在分离，且在相互对立的关系中，经济跃升为核心，它钳制道德并促使道德经济化。道德经济化后果是道德的制导作用在经济活动中沦陷、丧失，因此这一时期的经济又可称为非道德经济。经济和道德的分离主要表现在：一是经济行为理性化。马克斯·韦伯提出商品经济下主体的行为是理性经济行为。他说，商品经济是“以物的依赖性为基础的人的独立性”的经济，是随着以“人的依赖性”为主的经济即自然经济的没落而发展起来的，也就是说经济活动从整体的社会活动中独立出来成为一个专门的领域，即经济领域。那么，是什么原因导致经济行为理性化呢？从历史上看，经济行为理性化是由于资本主义生产关系取代了封建宗法生产关系而在社会关系中占据主导；从学理上看，是由于经济学成为一门独立的学科。二是独立后的经济行为受利润逻辑支配。在商品经济中，经济主体以利润最大化为唯一目的。在利润逻辑的支配下，经济的道德价值目标消失不见，理性计算、成本—收益分析充斥在经济行为中。经济行为对道德价值取向的排斥导致极为严重的后果，如经济手段不道德化。由于经济主体一味地追逐利润最大化，为达成这一目标而不择手段。马克思在《1844 年经济学哲学手稿》

中所论证的“劳动异化”就是以利润最大化为目的带来手段不道德化的典型表现，经济行为本来是人为满足人的需要而进行的活动，可是在商品经济中，人（经济主体）丧失了主体性，遭到异己的物质力量或精神力量的奴役。总而言之，道德与经济的关系在这一阶段是相互对立、彼此排斥的，因此，这一阶段的经济是非道德经济。非道德经济是道德与经济关系发展的必然产物，具有历史合理性。首先，非道德经济是社会生产力发展的必然产物。自然经济时期，生产力状况决定了生产关系，也决定了道德经济的运行要受道德目的和法则制约，经济不能充分发挥其应有功能，因为经济不能按其内在规律运行。要解放和发展生产力，就必须打破旧的生产关系，这就要求突破建立在原生产关系上的宗法道德关系，只有这样，经济才能摆脱宗法道德关系的束缚，按其自身内在法则运行，并为生产力的发展创造条件。因此，在道德与经济的关系发展中，非道德经济是必然产物。其次，非道德经济标志道德与经济关系的发展正处于一个特殊的历史时期。在封建主义生产关系不再适应生产力发展时，资本主义生产关系应运而生，在资本主义生产关系极力冲破封建主义生产关系束缚时期，与旧的生产关系相适应的宗法伦理道德逐步退出历史舞台，而与新的代表商品经济的资本主义生产关系相适应的伦理道德尚未确立，发展中的商品经济这时出现了“道德约束的真空期”。同时，商品经济以利润为导向，经济主体以利润最大化为唯一目标，在缺乏道德约束和以利润为唯一导向的双重作用下，经济主体摒弃道德。非道德经济的出现虽然具有历史合理性，然而由于缺乏道德的引导，它必然不能得到良好发展，经济的不道德化也造成不良社会后果。商品经济要发展就要解决道德与经济外在分离的弊端，这就要求与商品经济发展相适应的道德的生成。

三、市场经济：道德与经济的统一

20 世纪七八十年代以来，人类经济形态进入发达的市场经济时期。面对道德和经济分离导致的种种弊端，人们意识到经济领域中道德的重要性，开始将道德纳入经济行为的考量中。这一时期，道德与经济之间的对立关系转向相互交融、辩证统一，非道德经济也走向道德经济，但有别于自然经济时期自发混同的道德经济，新道德经济是在道德与经济的有机统一中，经济处于基础地位，道德内生于经济，构成经济的精神之维。新道德经济中道德既适应经济运行的内在规律，又吸纳新的精神特质，以保持其对经济的超越性。以一定的道德价值观为导向，新道德经济通过经济行为将道德具体化。这主要表现在：一是道德经济学、商业伦理、企业伦理、经济伦理、福利经济学等研究的兴起。由于学科分化和专业化，主流经济学因为对道德伦理的忽视所造成的“经济学贫困化”问题被发现后，越来越多的学者开始反思道德与经济的关系，经济学研究的道德传统得以重拾，道德经济学进入经济学家族，并得到极大的丰富。如阿马蒂亚·森“以自由看待发展”的经济伦理学、阿莱霍·何塞·G. 西松的道德资本理论、将非正式制度（道德观念）作为经济发展的内生变量的新制度经济学，等等。二是道德融入经济活动中。经济道德化，道德经济化趋势下，道德展现出经济力，道德资本得到重视，同时融入经济活动中，影响经济发展的过程和结果。

第三节　道德经济的特征

从伦理学上看，行为可分为道德行为和非道德行为两大类，道德行为是指具有道德意义可以做道德评价的行为，属于伦理学的研究对象；非道德行为是指不具有道德意义不能做道德评价的行为，属于其他学科研究的对象。而道德行为又可分为道德的行为即善和不道德的行为即恶。具体落实到经济行为，经济伦理学只研究道德的经济行为和不道德的经济行为，其目的是在经济领域抑恶即遏制不道德的经济行为，同时扬善即弘扬道德的经济行为。就此而言，道德经济属于经济伦理学的研究对象，是指合乎道德且能够进行道德评判的经济，至于非道德经济这种不具有道德意义不能做道德评价的经济行为则不在经济伦理学的考量之列。所以，道德经济从一般意义上我们可以归结为道德的经济行为。作为道德的经济行为的道德经济具有以下三个方面的典型特征。

一、人性化

道德经济的首要特征是经济主体在从事经济活动时应该以人为本，即人性化。所谓人性化就是顺应人性，创造并满足人的需要，促使人们追求真善美，达成真正人的境界。道德经济的人性化特征主要体现在四个方面：一是在经济理念上，道德经济树立了依靠人、为了人、顺应人、服务人的价值观念。无论是作为研究范式还是作为经济组织形式，道德经济的议题始终围绕着“生存至上”

“生命至上”原则，而这一原则正是以人为本的具体体现。二是在行为上，道德经济把开发、挖掘人之潜能和需要当作最为基本的工作。“公平，公正，平等”是从社会层面对道德经济基本理念的凝练。道德经济要求经济活动的运行要产生提高人类福利的道德后果，由此来保证人们在社会中的平等，进而开放、挖掘人的潜能和需要。三是在保障机制上，道德经济把会聚人之合力当作经济成功的关键依靠。“互惠，合作”是道德经济对个人的基本规范和要求，其强调的是作为个人在经济活动中应该遵守的基本规则。四是在终极目标上，道德经济把促进人的全面发展当作价值标杆。“人的全面发展”是道德经济立足于人类整体提出的要求。道德经济的真善美具体表现为，道德经济是合乎经济运行基本规律的即真；道德经济是合乎道德法则的即善；道德经济是帕累托最优的即美，此种经济行为既是有效率的也是有道德的，即卓越的经济行为。

二、诉求善

诉求善是道德经济的第二个重要特征。道德经济并不将经济行为和道德行为完全当作同一个东西，如果把它们当作同一回事，就会消解经济行为的专属领域，也会解构道德行为的专属领域，经济主体就会因为抽离了经济利益动机而反感，甚至排斥道德。道德经济只不过是主张经济主体在谋求经济利益时应该有道德的引导，需要对道德行为有自省和觉悟，而不能将道德规范搁置一边。人类社会纷繁复杂，为了从整体上把握各种社会形态及其本质，社会存在形式被分为三个领域：经济领域、政治领域和文化领域。随着社会经济的发展，经济领域得到前所未有的关注，但经济主体作为主体，毕竟产生于社会并生存于社会，而无法与社会相脱离，其经济行为必须有来自社会的支持，而社会又由企业成员、消费者、所有者、社区、政府等构成，经济主体所需要的资源、经营场所、各种设施，甚至其所追求的利润等，都只能来自社会，因而其经济行为必定会影响社会及其成员。既然如此，社会上的人们也就一定会从道德的角度对其行为及其后果作出评价。因而经济主体必须高度关注追求经济利益的行为之手段在道德上的正当性，而不能唯利是图。

三、讲法治

遵守法律制度是道德经济的第三个特征。道德经济作为经济主体的一种经济行为，其基本动机和目的，理所当然地是为了谋求利益特别是经济利益，但是这些经济主体一定是在社会的法律制度体系和道德框架内去谋求经济利益。出于谋得经济利益的理由，经济主体会把谋利手段与道德相符或者手段的道德正当性纳入考量的范围，既不否弃社会的法律制度，也不撇开社会的道德规范，如正义、信用和声誉、社会责任、合作互惠等，不会逾越道德价值准则，而是以遵守道德规范为荣耀。在经济主体看来，法律制度和道德规范都属于伦理之域，都应该被放置于伦理之域内加以考量，法律制度是底线伦理，道德规范是超越于法律并让主体向新的境界跃迁的高线伦理。因此，道德经济之经济主体的价值取向聚焦于那些正当的伦理价值判断标准，强调经济主体可以合理地追求经济利益，但必须“合法且合德”，即义利双赢。

第二章

道德经济的三种基本道德价值观

作为一种经济行为方式，道德经济突出的特点是其具有的道德性或伦理性。道德经济是在经济行为方式中将伦理要素放在首位，以伦理引导、安排、制约具体的经济行为。以一定的道德价值观为引导，道德经济既能克服因强调效率而忽视公平的局限，又能克服因重视公平而降低或消解效率的局限。此外，道德经济强调信用价值增加社会总福利的作用。在道德经济这种具有强道德性的经济行为方式中，效率是其作为经济的基本规定，信用为其经济伦理价值取向，公平是其道德之维。

第一节　追求效率

效率是经济学的核心概念，是人类社会追求的重要价值目标。在主流经济学中，如果经济系统以现有的资源使社会成员获得更多的福利，则这一经济系统实现了效率。功利主义伦理认为经济主体寻求福利（利益）最大化的行为是正当的，并倡导个人为社会福利总量的增加作出牺牲。从这一意义上看，效率无疑是功利主义最大化功利原则的体现。效率是经济的基本规定，因此，效率必然是道德经济的基本价值追求。

一、效率：经济学的内涵

“市场经济社会是一种经济、政治、文化领域分离的社会。对应于三大活动领域，存在有效率、公平、自由三种基本价值原则。”① 效率、公平和自由是人类追求的三大价值，谈到效率，人们就会将其与经济领域相连，谈到经济，人们就会提及效率。效率概念原本是用于物理学和机械学中，被定义为“是其特定的结果与导致结果的特定过程之间的关系，是其所实现的与所耗费的二者之间的比率”②。效率概念被用在经济领域中，则指以既定的投入生产出尽可能多的产出。“经济效率要求在给定技术和稀缺资源的条件下，生产最优质量和最多数量的商品和服务。在不会使其他人境况变坏的前提下，如果一项经济活动不再有可能增进任何人的经济福利，则该项经济活动就被认为是有效率的。”③ 显然，这一界定中人们关注的是经济福利，强调的是整个经济系统的状态，经济效率也可以被表述为在既定的生产技术条件下，当经济系统不能以现有的资源使社会成员获得更多的福利时，这一经济系统实现了经济效率。在此意义上，经济效率就是系统实现了资源配置的最优状态或者资源

① 王南湜．从领域合一到领域分离［M］．太原：山西教育出版社，1998：114.
② 郭湛．人活动的效率［M］．北京：人民出版社，1990：48.
③ 保罗·萨缪尔森、威廉·诺德豪斯．萨缪尔森谈效率、公平与混合经济［M］．萧琛，主译．北京：商务印书馆，2012：31.

配置达到了最优化。

如何判断是否达到经济效率，经济学中通常用帕累托最优作为经济效率的衡量标准。所谓帕累托最优就是“对于某种既定的资源配置状态而言，如果不可能在不影响他人境况的条件下来改善某个人的福利状况”① 的状态。实际上，当一个经济达到帕累托最优时，可以同时实现生产、交换和分配等领域的最优条件。资源配置效率或者经济效率最佳时才被认为是达到了帕累托最优。因此，经济学又称经济效率为帕累托最优，经济系统处于帕累托最优标准就是实现了经济效率，反之，就是没实现经济效率。经济效率的定义包含有以下具体内容。

第一，经济效率关注资源配置的改进和优化问题。资源是指社会经济活动中人力、物力和财力的总和，是社会经济发展的基本物质条件。在任何社会，人的需求作为一种欲望是无止境的，而用来满足人们需求的资源却是有限的，因此，资源具有稀缺性。资源配置是指对相对稀缺的资源在各种不同用途上加以比较作出选择。在社会经济发展的一定阶段上，相对于人们的需求而言，资源的稀缺性要求人们其进行合理配置，以便用最少的资源耗费，生产出最适用的商品和劳务，获取最大的效益。资源配置是否合理，对一个社会经济的发展有着极其重要的影响。经济学是一门研究资源配置问题的学科，以效率为基本价值，“经济效率要求在给定技术和稀缺资源的条件下，生产最优质量和最多数量的商品和服务。”帕累托最优标准是当资源配置不使另外一些人的境况恶化，就不能使一部

① 《西方经济学》编写组．西方经济学［M］．高等教育出版社，人民出版社，2019：352.

分人的境况改善。从这个意义上看，经济效率注重研究现有资源如何实现配置结构的最优化问题。

第二，经济效率强调社会整体福利。帕累托最优标准是当资源配置处于这一状态时，不可能在不影响他人境况的条件下来改善某些人的福利状况。换而言之，当资源处于这一状态时，社会整体福利不可能再增加，也就是社会整体福利已达到最佳。这表明经济效率将社会福利等同于个人福利，将社会福利看作是个人福利的放大，其重视的是社会整体福利。因此研究经济效率属于福利经济学的范畴。

然而，帕累托最优状态的实现需要满足诸多严峻的假设条件，这些假设条件严重背离现实，如在这些假设条件中，完全竞争是实现帕累托最优的前提，而在现实的市场中，由于资源环境、社会环境、技术环境等非市场因素的存在，每一位市场主体对市场行情具有完全信息、同一市场上参与交易的商品具有同质性的完全竞争市场是不存在的。完全竞争市场只是经济学家为理论分析的便利性而作的假设，它是一种理想的市场。因此，帕累托最优只是一种理论上的资源配置最佳状态。虽然如此，对帕累托最优及其实现条件的探讨，为我们提供了关于市场经济的效率标准和如何实现经济效率的基本知识。抛开帕累托最优的各种非现实性假定，它有力地证明了市场机制是一种有效的资源配置方式。

二、效率：功利主义伦理的价值诉求

“假如自行抛却个人的生活上的享乐却能够对于增加世上幸福的总量上作有价值的贡献，那么，这些能够这样抛弃的人应受极端的敬仰。功利主义的道德观承认人们有为他人的善而牺牲他们自己的最大善的能力，它只是拒绝承认牺牲本身是一种善。一种不增加或趋向于增加幸福总量的牺牲，功利主义的道德观认为是白费。人能够为别人的幸福或别人幸福的某些工具而牺牲（别人指人类全体，或人的集体利益所规定的范围内的人），只有这种舍身才可以得到功利主义道德观的赞美。”①

——J. S. 密尔《功利主义》

在《功利主义》（1861）一书中，J. S. 密尔提出人类有为别人的幸福而牺牲自己最大幸福的能力，如果是不能增加幸福总量或没有增加幸福总量的倾向的牺牲，不过是白费。他强调功利主义在行为上的标准的幸福，并非行为者一己的幸福，而是与此有关系的一切人的幸福。当你待人就像你期待他人待你一样和爱你的邻人就像爱你自己一样，那么，功利主义的道德观就达到理想完成的地步。

作为一种伦理思想和观念，功利主义在生态环境、医疗保健、经济、政治决策等重大社会领域中发挥着其强大的影响力。在个人幸福（福利）② 和社会幸福（福利）的考量上，功利主义道德观称赞为社会全体的幸福总量增加的个人牺牲，从道德上对这种行为给予了肯定。英国哲学家兼经济学家边沁（1962）提出人们一切行为的准则取决于是增进幸福抑或减少幸福的倾向。不仅私人行为受这一原理支配，政府的一切措施也要据此行事。在个人幸福和社会幸福的关系上，边沁认为社会是由各个人构成的团体，团体中的每个

① John Stuart Mill. Utilitarianism, Joseph Katz, et al. Writers on Ethics [M]. D. Van Nostrand Company, 1962: 117.

② 功利主义通常把功利理解为人的福利或幸福。

人可以看作是组成社会的一分子。社会全体的幸福是由组成此社会的个人的幸福的总和。社会的幸福是以最大多数人的最大幸福来衡量。如果增加社会的利益即最大多数的最大幸福的倾向比减少的倾向大，这就适合于功利原理。基于此，功利主义的基本原则是：一种行为如有助于增进幸福，则为正确的；若导致产生和幸福相反的东西，则为错误的。幸福不仅涉及行为的当事人，也涉及受该行为影响的每一个人。人自由地追求自身的幸福和利益的同时，又是社会性的理性存在者，所以在追求利己行为的同时还应该考虑到社会共同利益。因此，功利主义者认为判断一个行为是否符合道德，不是看该行为给行为者本人带来的幸福多少，而是看该行为带来的社会幸福有多少，即合乎道德的行为是能够促进“最大多数人的最大幸福”的行为。显然，“最大多数人的最大幸福”原则包含以下内涵：

第一，肯定个人追求幸福的行为。功利主义肯定了人类追求幸福和利益的行为。功利主义伦理观认为，伦理道德必须建立在“趋乐避苦”的人性基础之上。追求快乐或者避免痛苦是人类一切行为的推动因素。在对人性的考察中，人本能地带有盲目性和冲动性的欲望，并有意识地带有目的性和理性的意志。因此，人自由地追求自身的幸福和利益。

第二，倡导个人幸福和社会幸福的统一。在个人幸福和社会幸福的关系上，功利主义肯定个人为社会幸福总量增加做出牺牲的道德性，重视社会幸福。密尔认为个人利益是社会利益的基础，是值得追求的。但社会利益却是个人利益的前提，个人利益依赖于社会利益的实现才得以存在。他认为，功利主义者所主张的幸福，不仅是个人的幸福，更是全社会的幸福。此外，在“最大多数人的最大幸福”原则之外，密尔建立了一条标准：在追求个人幸福时应无损于他人。当个人幸福与社会幸福出现矛盾时，牺牲个人利益来保证社会利益不仅是伟大而值得称赞的，而且还是有价值的。

在功利主义看来，市场经济领域中主体从事经济活动应寻求自身利益的最大化，即经济主体谋求自身利益的行为是正当的。在认可经济行为正当性的基础上，功利主义伦理倡导个人为幸福总量的增加作出牺牲。从这一意义上看，效率是功利主义的最大化功利原则的体现。功利主义认为，行为后果的非道德价值，也就是可评价为善或恶的后果，取决于行为所带来的有益的后果与不利的后果的加总。有益的后果为正，不利的后果为负，如果两者相加后的净余值是正值，就是善。反之，两者相加后的净余值是负值，就是恶。换言之，净余值是正值的是对的行为，净余值是负值的则是错的行为。同时，功利主义对行为的要求除了有益后果和不利后果加总后为正值外，还要求在可选行为净余值中正值最大的行为。功利主义主张的是，一个行为是道德的，当且只当这个行为在可选活动中能够产生最大的善，即最大化功利原则。效率是实现消耗最少、收益最大的最优化。从这一意义上看，帕累托最优或者效率以社会整体福利的最大化为焦点正是对功利主义原理的运用。效率概念描述整个经济系统的状态，关注社会整体福利，符合功利主义“最大多数的最大利益”原则。

三、效率：道德经济作为经济的基本规定

美国经济学家阿瑟·奥肯提出“追求效率必然创造出不平等。

因此社会在平等与效率之间，面临着一种权衡。”① 显然，奥肯将平等或公平看作政治或道德领域的事情，效率则是经济效率，被看作是经济领域的事情。但在道德经济的讨论中必然涉及“道德领域”问题和“经济领域”问题，那道德经济问题是“道德领域”还是“经济领域”的事情呢？从道德经济概念来看，由“道德”和“经济”构成，但两者并非是分离的，而是相互联系。这一概念中，道德为其前提条件，经济受道德引领，但其落脚点是“经济”。从这一点来看，道德经济则属于“经济学”的研究领域。

在经济学看来，相对于人的需求，其可以使用的资源，如自然资源、人力资源和生产设备等，都是稀缺的，因此，经济学以资源的稀缺性为研究起点。然而，人的欲望是无限的，稀缺资源不能满足人的无限欲望。鉴于人的欲望的无限性和资源的稀缺性，就一项经济活动而言，最重要的事情就是如何最好地利用其有限的资源。换而言之，在资源稀缺条件下，人们要在各种有待满足的目标中做出选择，从而使稀缺资源得到有效率的运用。在资源的稀缺性与人类欲望的无限性之间的矛盾下，如何有效运用社会资源来满足人们的需要成为经济学的研究问题。

由此，有效配置资源问题成为经济学的核心问题，而在资源的有效配置中，效率成为人们的追求。也正是对效率的追求，经济学成为一门重要的学科。道德经济是经济主体在一定道德价值观念指导下表现出的经济行为，是一个经济活动系统，它是以善为中心的经济、以正义为中心的经济、以责任为中心的经济，道德经济问题

① 阿瑟·奥肯．平等与效率：重大的抉择［M］．陈涛，译，北京：中国社会科学出版社，2013：1.

是归类到经济领域的问题，效率是经济的基本规定，因此，效率必然是道德经济的基本价值追求。

第二节 讲究信用

在很多人看来，“信用是金钱”，信用的经济意义已经是共识。在经济学中，信用是一种经济交往关系，是一种建立在诚信和信任基础上的交易能力，建立在功利基础上。在伦理学看来，信用具有道德性，是一种伦理关系。在经济伦理学的视野中，信用实现经济主体的利益需求、维持经济主体的交往关系、彰显经济主体的他者意识、展示经济主体的道德情操。

一、信用：经济学的理解

《现代汉语词典（第7版）》中，对信用的解释是：(1) 能够履行跟别人约定的事情而取得的信任：讲信用；(2) 不需要提供物质保证，可以按时偿付的信用贷款；(3) 指银行借贷或商业上的赊销、赊购；(4) 信任并任用：信用奸臣这里（这一释义用在书面语中）。这一释义是从三个角度对信用进行定义：一是从伦理道德层面看信用是守约，遵守承诺。这是将信用作为一种基本道德准则。二是从经济学角度来看信用是一种建立在债权人对债务人偿付承诺信任的基础上，使后者无须付现金即可获取商品、服务或货币的能力。这里信用是经济活动的基本要求。三是从法律层面看，信用是依法规可以实现的利益期待，当事人违反诚信义务的，应当承担相应的法律责任。这里信用就是一种法律制度。汉语词典第七版中，信用指“货币借贷和商品买卖中延期付款或交货的总称。以偿还为条件的价值运动的特殊形式。包括：（1）银行信用，是以银行为一方的货币借贷活动；（2）商业信用，是以商品交易中任何一方的延期付款或延期交货的短期信用活动；（3）国家信用，是以国家为一方的借贷活动（如发行公债）；（4）消费信用，是对个人消费者提供的信用（如分期付款）。”在这一界定中，信用就是指“借”和“贷”。由此可见，在语义学意义上，信用包含着丰富的内容，既涉及信用的伦理道德方面的含义，又跟经济活动相关，还关涉到法律制度的内容。从学理上看，每个领域对信用有不同的诠释。在经济学中，信用概念有着丰富的意涵。

（一）信用是一种经济交往关系

在对信用的认知上，很多人认为它是一个经济学上的概念，而在经济学领域，信用也确实受到众多学者的关注。马克思在经济学范畴内研究信用，他提出的信用理论构成了马克思政治经济学的重要组成部分。在分析货币的流通手段职能时，马克思揭示了信用的产生。在他看来，货币在商品流通中充当交换媒介就是货币的流通手段职能。如果商品的交换不是直接进行而是采用先购买后支付的延期形式，那么卖的一方成为债权人，买的一方成为债务人，这种延期形式的商品流通就是初期的信用，或者简单的信用。信用产生后，等价的商品和货币不再同时出现在卖的过程中，货币成为支付手段。为体现债权人的收款权利和明确债务人的付款责任，各种债务凭证（主要分为期票和汇票）应运而生并逐渐在经济活动中发挥货币的作用，信用工具逐渐演化成信用货币。基于信用的产生和发展，在《资本论》中，马克思给出这样一段表述："信用，在它的最简单的表现上，是一种适当的或者不适当的信任，它使一个人把一定的资本额，以货币形式或以估计为一定货币价值的商品形式委托给另一个人。"[①] 在此意义上，信用是从商品交换和货币流通中产生的，是一种借贷关系，即经济交往关系。

对于信用是什么，我国学者张卓元在《政治经济学大辞典》中强调，信用是"以偿还为条件的价值运动形式，即指商品买卖时的延期付款和货币的信贷关系"[②]。这一定义中，信用是以偿还支付利息为条件的借贷关系。宋希仁认为"信用是就交往关系而言的，用于经济领域，就是指经济交易的关系。这种信用不是从道德诚信开始的，也不是从竞争中产生的，而是从商品交换活动中产生的，是商品交换活动和货币流通得以实现的必要条件。"[③] 由此可见，众多学者认为信用就是一种经济交易关系。

（二）信用是一种建立在诚信和信任基础上的交易能力

在对信用问题的探讨中，学者们往往将信用与诚信、信任概念放在一起进行比较辨析，更有学者在同一意义上交互使用这三个概念。这都源于这三个概念之间存在密切联系，然而，信用、诚信和信任虽有着不可分割的内在联系，三者又是相互区别的。总体而言，在经济领域，诚信是信用的基础，信用和信任互为前提。

首先，诚信是信用的基础。在中国古代思想中，诚信是"为人

---

① 马克思恩格斯全集（第25卷）［M/OL］. 中文马克思主义文库，https：//www. marxists. org/chinese/marx－engels/25/026. htm.

② 张卓元．政治经济学大辞典［M］. 北京：经济科学出版社，1998：148.

③ 宋希仁．论信用和诚信［J］. 湘潭大学社会科学学报，2002（5）：130.

之基”“立国之本”，是中华民族所推崇的个体道德规范。随着时代的发展，诚信的内涵被不断扩展。在众多学者的努力下，“诚信的定义从单纯的个体修养转变为多角度的集‘真实无欺、遵守约定、践行承诺、讲究信誉’为一体的社会规范。”① 可以说，诚信概念带有浓厚的道德色彩。信用，建基于契约观念，无论是用来指履约的道德承诺，还是指资本运作的债权债务关系，它的产生和维持都需要诚信规范的实现。

其次，信任是信用的前提。在经济学领域，信任被看作是能带来繁荣的社会资本。我国学者张维迎认为：“‘信任’被普遍认为是除物质资本和人力资本之外决定一个国家经济增长和社会进步的社会资本。”② 而信用是伴随着借贷关系产生的，换句话说信用是一种债权债务关系，信用关系是长时间积累的信任和诚信度。市场经济是建立相互信任基础之上的信用经济，经济主体彼此之间的相互信任是信用的前提。在市场经济中，生产和再生产各个环节的维系都以信任为前提，各利益相关者之间相互信任，生产、交换、分配、消费各个环节才能展开。信任是企业利益相关者之间协同合作的重要基础，信用关系的维持则依赖于信任。

最后，信用是信任的资本。“诚信是信用的基础，而信用是获得信任的资本”③，信用是能够履行诺言而取得的信任。“诚信、信用、信任是一个依次递延的诚信链条：因‘诚’而具有‘信用’，

---

① 余泳泽．社会信用的经济效应研究、回顾与展望［J］．宏观质量研究，2019（4）：81.

② 张维迎、柯荣住．信誉及其解释：来自中国的跨省调查分析［J］．经济研究，2002（10）：59.

③ 余泳泽．社会信用的经济效应［J］．宏观质量研究，2019（4）：82.

因有‘信用’而值得‘信任’。”① 信用是经济主体之间的一种相互交往关系，这种关系不是在竞争中产生，而是在商品交换活动中彼此遵守交换规则，履行承诺，做出“可信行为”，也就是讲信用，在这种可信行为中经济行为主体将获得信任感。

（三）信用建立在功利基础上

在对功利原则的讨论中，罗尔斯在《正义论》中提出：“个人总是追求自己幸福的最大化实现，并为此要在不同的利益之间权衡，要在当前的利益或未来的利益之间抉择，人们会选择牺牲某些利益以成全其他利益。”② 在《功利主义：支持与反对》一书中，斯玛特对功利主义的界定是：“大致说来，功利主义指的是，行为的对或错完全取决于行为后果总体上的好或坏，也就是说，取决于行为对所有人的福利产生的影响。”③ 功利原则根据每个行为将带来的利益大小的倾向来赞许或批评这个行为。对一个行为的道德评价则以对它的功利性的反思为基础。功利性是该行为的增加利益相关主体的幸福（利益）的属性。根据这一原则，应该与不应该、正确与错误的争议可以凭理性来解决。

用功利原则解决实际问题是每一个功利主义者论证功利原则的出发点。用功利主义的视角看信用，它的正当性在于讲信用的行为能增加利益相关主体的幸福。从这一意义上看，信用的建立是以功利为基础的。

---

① 廖小平．论诚信与制度［J］．北京大学学报（哲学社会科学版），2006（6）：130.

② John Rawls. A Theory of Justice ［M］. Cambridge，Mass. Harvard University Press，1971：23 –24.

③ J. C. Smart and Bernard Williams. Utilitarianism：For and Against ［M］. Cambridge：Cambridge University Press，1973：4.

第一，信用具有功利性。一方面，信用行为具有增加利益相关主体幸福（利益）的属性。如通过信用调剂，可以将资源及时转移到需要这些资源的地方，从而使资源得到最大限度的运用；通过借贷，资金可以流向投资收益更高的项目，可以使投资项目得到必要的资金，资金盈余单位又可以获得一定的收益。另一方面，信用缺失具有不正当性，因为信用缺失会成为严重制约经济发展和破坏金融稳定的重要因素。一些企业为了追求短期的经济利益，在生产经营中偷工减料，在市场交易中侵害消费者的基本权益，债务拖欠、偷税漏税事件都是不讲信用的行为，将损坏经济社会的整体利益。

第二，信用带来社会总福利的增加。在市场经济条件下，信用更多地表现为一种以诚信和信任为基础的交易能力。当交易行为发生时，经济主体交易的同时将产生信息搜寻、条件谈判与交易实施等各项成本，即交易成本，也就是在一定的社会关系中，人们自愿交往、彼此合作达成交易所支付的成本，即人—人关系成本。良好的信用能简化信息搜寻、促进条件谈判，加速交易实施，从而有效降低交易成本，提高资源配置效率，增加社会总福利。

二、信用：伦理学的价值规范

在中国传统文化中，信用意为“谓以诚信任用人；信任使用；遵守诺言、实践成约，从而取得他人信任”。《左传·宣公十二年》记载：“王曰：‘其君能下人，必能信用其民矣，庸可几乎？’”就此看来，信用是“信守诺言”的道德品质。这种道德品质在道德主体的自律活动中担负着重要的职责，是道德规范自律性的表现形式，对于人的行为具有重要的道德调控作用。

（一）信用的伦理性质

信用的伦理性质体现在两个方面：一是信用具有道德性。信用是经济主体在经济活动中根据经济系统的内在性要求而产生的伦理道德，它是人类经济活动和经济关系的结构、特定的活动方式及其条件等本身提出的一定秩序或规则性要求。这些要求是维持经济系统运转，使之取得效益最大化所不可缺少的，并促使经济活动普遍地适应信用要求，从而产生伦理道德，因而信用本身存在内在道德要求。信用调节人与人之间利益上的矛盾和冲突，从而产生人与人之间的伦理关系或伦理问题。也就是说，信用与利益的谋取和目标的实现相联系。二是信用本身还存在外在的道德要求，也就是信用的合伦理性，它是社会的伦理道德用某个尺度或标准所作出的伦理道德评价。讲信用本身就构成了蕴含伦理原则和道德价值，具有合伦理性。在经济活动中，信用体现其内在、外在道德性主要在三个方面：一是人类的经济活动总是体现一般的社会伦理原则和道德要求。一定的经济活动和经济系统总是蕴含着相应的社会道德观念和伦理原则，信用以合伦理性为基础。二是信用受制于对人性的认识和普遍的社会价值观念。经济活动本质上是一种从主体出发，以人作为价值尺度去开展有利于人的发展的各项活动。经济主体对信用的追求，归根结底也是为了促使人的完善和发展。三是人和社会总是要对一定的信用行为做出伦理评判。对信用行为进行伦理评判，就是对某一种行为在伦理意义上做出肯定或否定的伦理价值判断，从而对行为进行善的或恶的区分，通过伦理评判来干预经济活动，使经济活动符合评价主体的伦理道德取向。

（二）信用是伦理关系

信用是在人与人交往时产生的，是一种经济关系，也是一种伦理关系。信用的本质是伦理关系，这一点决定于信用的功能和本质特征。信用能使人们倾向于善的动机和正当的行为，遏制恶的动机和不正当的行为，形成一种扬善抑恶的自我道德调控机制，这种机制对于行为及其动机具有自发调节作用，它要求人们克服只看个体利益、短期利益的自然倾向，而着眼于整体和长远利益，要求人们采用正当手段达到正当目的。信用的功能在于协调经济活动的伦理关系。对信用的追求能使经济系统中相关要素在其系统结构的运行过程中，通过相互沟通、相互作用达到同步、有序的平衡，这就是协调，一种和谐的协调，这种协调促进经济系统相对稳定并不断发展，而信用要实现的协调恰恰是伦理学所追求的。

三、信用：道德经济的经济伦理价值取向

美国著名行为分析及博弈论专家罗伯特·阿克塞尔罗德说："合作现象四处可见，它是文明的基础。"作为一种新的经济组织方式，道德经济的产生和发展以众多经济主体间的合作为基础。"合作……是指个人与个人、群体与群体之间为达到某一共同目的，彼此以一定方式配合、协作的联合行动。"[①] 合作是人与人之间相互信赖的结果。埃里克·尤斯拉纳说："信任是通往合作的道路……当我们信任他人时，我们是在期望他们能够实现自己的承诺，这既是因为我们知道他们过去通常能够实现自己的承诺，也是因为相信，

① 陈志尚．人学原理［M］．北京：北京出版社，2005：238.

如果我们认为他人值得相信，我们会生活得更好。”① 合作基于人们之间的信任，而信任来自行为主体之间的守信行为，即讲信用的发生。

从经济伦理学角度看，信用是经济活动中主体之间为达到共同目的的联合行动，是以主体的信任和诚信为纽带而发生的一种社会经济交往关系，也是经济主体的价值取向。道德经济是以服务于社会为目的，力图实现道德价值与经济价值相统一的经济行为方式，因此，信用是道德经济的价值取向。

第一，信用实现经济主体的利益需求。经济主体开展经济活动的目的是满足其利益需要，经济活动是以生产资料（如劳动力、土地、技术等）换取商品和服务的行为。经济主体利益的实现需要通过与其他经济主体的配合与合作才能实现，这有赖于双方的信用。首先，个体利益的实现需要信用。每个市场主体都有自身的局限性，单靠自身力量无法实现其利益需求。其个体利益的实现，需要其他主体的配合，也就是经济主体要实现其个人利益，必须与其他经济主体展开合作，而信用是合作的提前。其次，共同利益的实现需要信用。共同利益也是主体利益的重要构成，个体利益与共同利益相互对待、相互依赖、相辅相成，双方的实现有赖于对方的实现，信用是共同利益得以实现的保证。最后，长远利益的实现需要信用。经济主体在对利益的追求中，常常要面对追逐短期利益还是长远利益的考量，信用是长远利益得以达成并得到维系的必要条件。

第二，信用维持经济主体的交往关系。经济交往活动是经济主体之间相互接触、相互竞争、相互合作、彼此交换或相互作用的活

① 埃里克·尤斯拉纳. 信任的道德基础［M］. 北京：中国社会科学出版社，2006：2.

动，经济交往关系则是经济主体在经济交往活动结成的关系。信用是经济主体在经济活动中彼此遵守交换规则，履行承诺，其产生于经济主体的经济活动又作用于经济活动，既是经济关系产生的重要条件又是良好经济关系得以维系的必要条件。那种一次性的相互合作、彼此交换或相互作用的经济活动并不能充分显示信用的价值，信用能促使经济主体做到眼前虑及长远，现在虑及未来，自身虑及他人，相互关心，相互回报，增强辨识能力。如此经济主体之间能在一次次彼此遵守交换规则，履行承诺之后又有进一步的相互接触、相互竞争、相互合作、彼此交换或相互作用，彼此遵守交换规则，履行承诺就延续和维系着主体的经济交往关系。

第三，信用彰显经济主体的他者意识。作为一种经济交往关系，信用至少发生在两个经济主体之间，表现为两个主体彼此遵守交换规则，履行承诺，蕴含着利他行为。互相利他的行为表现在精神层面就是主体的利他意识或“他者意识”。也就是说，信用要达成必须经济主体都有一种他者或利他意识。“利他主义本身依赖于承认他人的实在性，依赖于把自己当作只是许多人当中的一个人的相应能力。”① 他者意识是主体把自身和自身所属群体之外的其他主体也当作与自身和自身所属群体一样的主体予以承认、尊重、对待的意识，市场上主体与主体之间“互相承认对方是所有者，是把自己的意志渗透到商品中去的人……谁都不用暴力占有他人的财产。每个人都是自愿地转让财产”②。他者意识是信用得以可能的精神条件。如果市场上每个主体都没有相互承认的他者意识，而只有独白性认

---

① 托马斯·内格尔. 利他主义的可能性［M］. 应奇，等译. 上海：上海译文出版社，2015：3.

② 马克思恩格斯全集（第30卷）［M］. 北京：人民出版社，1995：198.

同的自我意识，那么信用是不可能的。

第四，信用展示经济主体的道德情操。一方面，信用的精神前提是主体的他者意识，而他者意识本质上就是道德意识，它与道德情感一起构成道德情操，道德情操又促成经济主体的经济行动。另一方面，从伦理学上说，信用根本上来自经济主体的诚实守信，遵守诺言等道德情操。道德情操是道德情感和操守的结合，是构成道德品质或德性的重要因素，是主体所具有的一种高级的、稳定持久的、带有理性印痕的道德情感和品德。

第三节 秉持公平

公平是人类社会追求的重要价值目标之一，它也是评价一个社会的价值评判标准。公平概念感性又直观，它的含义随着人类社会的发展日益丰富，在道德经济中，公平是其发展动力，是效率的前提与保证，是提升其道德价值的重要因素。

一、公平：伦理学的理解

在中外思想史上，围绕什么是公平，思想家们争论不休。随着社会的发展，公平不仅是思想史上的经典问题，也是当今学界孜孜以求的热点问题，是多个学科关注的问题。当代经济理论、经济伦理理论、博弈论、行为科学、伦理学和政治哲学等都对公平作了富有启发的探讨。虽然各种理论在研究公平问题时切入点不同，但都始终认可公平是人类社会追求的价值目标。

一般来说，公平指处理事情合情合理，不偏袒哪一方。对某个具体的经济行为，人们可以从各自角度对它做出公平或者不公平的评价，但对什么是公平，确难给出清楚的表述。因此，在对公平的探讨中，正义、公正、平等概念常常用来替代公平。但是显然，公平是不同于这些概念的。罗尔斯公平的正义原则正说明了这点。在公平的正义中，罗尔斯提出道德理想是良序社会，他认为："一个良序社会是一个被设计来发展它的成员们的善，并由一个公共的正义观念有效地调节着的社会。例如，它是一个这样的社会，其中每一个人都接受并知道其他人也接受同样的正义原则，同时，基本的社会制度满足着并且人们知道它满足着这些正义原则。"① 在这一良序社会中的每个人都知道并接受正义原则，自觉遵守正义原则，社会制度的正义性也符合每个人的期待。正义原则是获得公平的伦理规范。由此，罗尔斯分辨了正义和公正。同时在主体认识原则并自觉接受其限制的意义上，罗尔斯认为，良序社会就是公平的正义的目的王国。在公平的正义理论体系的构建中，良序社会是罗尔斯设计的正义的理想目标，这一社会是一个人人遵守正义原则、人人相互尊重、人人配享尊严的社会，这就是公平。借此，罗尔斯将抽象的公平具体化。

从伦理学的意义上看公平既是价值追求，也是评估和衡量现实社会公平与否的客观标准。然而，公平是一个含义宽泛、边界模糊的价值范畴。所以马克思强调不仅要关注形式上的公平，更要关注

① 约翰·罗尔斯．正义论［M］．何怀宏，何包钢，廖申白，译．北京：中国社会科学出版社，2009：358.

实质上的公平。他提出把公平正义问题与生产方式连接起来。分配方式由生产方式决定，生产方式又是由生产力水平和生产关系所决定，特别是其中的所有制关系决定生产方式。要获得公平权利，就要发展生产力。同样，离开生产关系抽象地讨论形式上的公平正义也无济于事，那将是虚假的形式上的公平。公平本身是一个感性直观的概念，具有强烈的道德感，但其价值追求不仅限于伦理，必须要从现实中寻找解决，公平正义不能寄希望于人们道德观念的改变，而需要从生产关系中去解决。

二、公平：经济伦理学的价值规范

公平是用来评价社会经济关系，特别是利益分配关系的经济伦理范畴。众多学者热衷于在效率和公平相互关系的讨论中来探讨公平，“如果说，效率是一种经济事实上的客观的衡量标准，那么公平则是伦理观点上的相对的衡量标准。”① 公平是一种主观的价值判断，由于主观判断跟环境、地位、经历、视角相关，这种判断只能说相对的，没有绝对的标准。公平的含义随着人类社会的发展日益丰富，但正如“权利永远不能超出社会的经济结构以及由经济结构所制约的社会的文化发展”,② 公平始终与社会的经济结构相联系。

既定的资源如何才能达到最优配置问题就涉及经济公平问题。经济公平包括机会公平、规则公平、结果公平三个主要原则。机会

① 刘可风．当代经济伦理问题的求索［M］．湖北：湖北长江出版社，湖北人民出版社，2007：130.

② 马克思恩格斯全集（第 18 卷）［M/OL］．中文马克思主义文库．https：//www.marxists.org/chinese/marx－engels/18/index.htm.

公平是指进入市场竞争的主体，不因其家庭背景、自然禀赋和特定环境而丧失或多得某种参与竞争的机会。规则公平是指市场规则对任何人都是一样的，它强调的是规则的普适性，即参与市场竞争参与者都遵守某些一般原则，而不考虑规则本身在道义上是否正当，也不考虑该规则运作的实际结果对哪些人有利或无利。结果公平关注分配公平，即对每一个市场竞争者所实行的收入分配按同一标准或尺度执行。结果公平强调同样的付出应得到同样的报酬，消除任何歧视和不平等。

在经济伦理视域，公平是用来评价社会经济关系特别是利益分配关系的伦理价值规范，包括起点公平和终点公平。起点公平指在市场的自由竞争中每个经济主体都站在同一起跑线上。它具体包括：（1）进入市场的机会均等；（2）在法律允许的范围内，每个经济主体都有既充分又平等的权利；（3）遵守共同的游戏规则；（4）参与竞争的每个经济主体在人格上都是平等的，他们按自己的意愿参与竞争。与起点公平不同，终点公平关注的是分配结果是否公平。但终点公平不是绝对平均，两者有着严格的区别。首先，公平与绝对平均又不同的内涵。平均否定个体差异，主张无条件的均等，而公平承认个体天赋、才能、知识的差距。终点公平要求按照大多数人普遍认可的程序，按照同一规则进行分配，即使分配的结果对每个个体来说有差距。其次，二者的社会后果不同。公平越是得到贯彻，经济效率就越能得到有效提高公平优化经济环境，激发个人的积极性、主动性和创造性。而绝对平均带来的是“搭便车”行为，将消磨人的工作热情，破坏生产力的发展。

三、公平：道德经济的道德维度

虽然众多经济学家抵制规则和价值视作决定性力量，但涉及个人对经济条件的意义和重要性时，他们又不得不承认规则和价值在经济中的重要性。经济学家恩斯特·费尔（Ernst Fehr）和西蒙·盖切特（Simon Gaechter）用实验方法证明了“人们生活中主流互动大多……不是通过明确的合同，而是通过非正式的社会规则来调节的”①，非正式社会规则就是道德。经济生活中也不乏道德驱动与自身利益相悖的情感性经济行为。

与其他价值所不同的是，公平是开放而普遍适用的。对任何经济而言，公平都是关键的资产，因为它摒弃绝对的对或错，回答怎样使人们实现美好生活的问题。在此意义上，公平无疑构成道德经济的道德维度。

第一，公平是道德经济的发展动力。亚当·斯密在《国民财富的性质和原因的研究中》做了这样的描述：“在未开化的渔猎民族间，一切能够劳作的人都或多或少地从事有用劳动，尽可能以各种生活必需品和便礼品，供给他自己和家内族内因老幼病弱而不能渔猎的人，不过，他们是那么贫乏，……反之，在文明繁荣的民族间，虽有许多人全然不从事劳动，……但由于社会全部劳动生成物非常之多，往往一切人都有充足的供给……”② 通过两个社会的比

---

① Fehr, Ernst, and Simon Gaechter. Fairness and Retaliation: The Economics of Reciprocity [J]. Journal of Economic Perspectives, 2000: 166 – 167.

② 亚当·斯密. 国民财富的性质和原因的研究（上）［M］. 北京：商务印书馆，2015：1.

较，斯密向我们传达的是只有生产的社会财富越多，社会就有更多的东西可以用在社会成员之间的分配中。从这一意义上看，社会财富越多，公平才有物质上的保证。

第二，公平是道德经济效率的前提与保证。效率一般有三种：生产效率、资源配置效率和 X 效率。生产效率是指经济主体投入与产出之比或生产要素使用是否合理而出现的效率，资源配置效率是指经济主体对资源的安排和配置是否得当而出现的效率。“X 效率是指由于投入产出比例与资源配置以外的原因而产生的效率或低效率。X 低效率就是一种尚未查明原因的效率损失，它与个人的努力程度不足有关，与人们之间的不协调有关，也与企业目标同职工目标不一致有关。”[①] 也就是说，X 效率与协调密切相关，是由经济主体内部成员之间关系是否适应、协调，市场上主体与主体之间关系是否适应、协调所带来的。如果相互关系适应、协调则产生 X 效率，否则就产生 X 低效率。所以，“协调与适应……是产生效率的源泉”[②]。而公平实现的程度如何直接关系到各经济主体之间的协调与适应。从这点来看，公平是决定效率高低的重要因素。

首先，公平直接关系到经济主体之间关系的协调与适应，同时关系到效率的高低。每个经济主体参与经济活动的目的都是为获得一定的利益。而利益问题涉及的就是如何分配的问题。如果利益分配不公平，势必影响到经济主体之间的关系，从而影响到效率。反之，在良好、公平的环境中，经济主体获得公正、合理的对待，将

① 厉以宁．超越市场与超越政府：论道德力量在经济中的作用［M］．北京：经济科学出版社，2010：21.

② 厉以宁．超越市场与超越政府：论道德力量在经济中的作用［M］．北京：经济科学出版社，2010：47.

促进主体之间关系的良性发展，创造出更高的效率。其次，公平的环境能促使经济主体在人格、价值选择等方面受到尊重，有利于经济主体自身素质的提高，进而促进效率的提高。最后，公平的实现为经济秩序的稳定奠定基础，从而为效率的提高创造良好的条件。

第三，公平提升道德经济的道德价值。道德经济是以道德价值观为主导，力图实现道德价值与经济价值相统一的经济行为方式，如果缺乏道德价值观的主导，道德经济就会偏离其方向。公平价值具有开放性和普适性，在公平价值的主导下，道德经济沿着其既定的方向发展，当道德经济一旦形成并得以发展，公平价值得以实现。这时，公平的社会环境又能优化社会心理环境，促进社会成员提高自身道德素质，从而提升其经济行为的道德价值。

第三章

中国道德经济发展的经济社会背景

经济组织方式是人类社会发展到一定历史阶段的产物，什么阶段选择什么样的经济组织方式是经济规律客观作用的结果，一种经济行为方式的根本转变与社会经济条件的变化相关，也就是说，一种新的经济行为方式的出现必定有与之相适应的特定的社会经济条件。作为一种经济行为方式或经济发展的应然状态，道德经济的兴起不是偶然的现象，而是信息社会发展、社会组织繁荣及生产性公众壮大的必然结果。在国际社会道德经济兴起的同时，中国经济发展迈入新常态，在社会主义市场经济发展的这一阶段，正如经济学家霍利斯·钱纳里（Hollis B. Chenery）所说，经济发展是“经济结构的全面转变”①，中国正处于经济结构变革期。经济结构包括产业比重、投入结构、产出结构、分配状况、消费模式等多个方面，经济结构的转型，意味着这些方面的转变，也就意味着对社会的经济条件进行大的调整，而经济条件改变后必定要求有与新的经济条件

① 霍利斯·钱纳里，谢尔曼·鲁滨逊，摩西·赛尔奎因．工业化和经济增长的比较研究［M］．吴奇，王松宝，等译．上海：上海三联书店，1989：前言．

相适应的经济行为方式。作为一种经济行为方式，道德经济正是适应当前的社会经济条件的，反之，当前中国的社会经济条件无疑会为道德经济的发展提供条件。本章拟对中国发展道德经济的经济社会背景做出论述。

第一节　当代社会道德经济兴起的基础

当今社会，随着科学技术井喷式的创新和迅猛发展，生产力的积聚越来越厚实，发展速度越来越快，这导致生产关系的变化与革新、新的社会需求也不断涌现，由此又使社会尤其是市场经济舞台上出现了一批批有着高度责任感又勇于创新的经济主体，在它们的推动下，一种新的经济行为方式或经济发展的应然状态即道德经济日益显性化地展现于经济领域，并爆发出其巨大的能量。从世界范围来看，道德经济的兴起、出现，是由信息社会的来临、社会组织的蓬勃发展、生产性公众的突起和强大等多种因素为其奠定的基础，这些基础也是其兴起的背景。

一、信息社会的发展

历史发展的进程表现为时代的更迭，一个时代的结束往往预示着另一个新的时代即将诞生。在工业社会经济蒸蒸日上的势头中，具前瞻性的学者们对工业社会后的发展开始分析与预测、对社会发展的下一步走势展开探讨，“后工业社会”“信息社会”“知识经济”“信息经济”“知识生产力”“非物质性生产”等词汇频频出现，这些都暗示着一个新的时代的来临，社会变革正在进行，信息和知识对当今经济发展的影响越来越显著，其重要性比以往任何时候都要突出，推动经济发展的因素已悄然发生变化。

信息社会已经到来，这点我们可以从《全球信息社会发展报告2015》公布的一系列的数据中得以证实，报告表明：“2015 年全球信息社会指数（ISI）达到 0.5494，正从工业社会向信息社会加速转型。其中，51 个国家已经先行进入信息社会（ISI 在 0.6 以上），62 个国家处于转型期（ISI 在 0.3～0.6），仍有 13 个国家尚处于信息社会起步期（ISI 在 0.3 以下）。”① 由此，人们可以断言，信息社会是作为一种新的社会形态展现于人们面前的，之所以说其新，是因为它不同于由农业革命造就的农业社会、工业革命创建的工业社会，而是由信息革命所引领的。从整体上来看，全球正在经历由工业社会向信息社会的转型期，各国各地区向信息社会的发展已经呈现出势不可当的趋势。

对信息社会进行理论上的探讨，自 20 世纪 60 年代起，社会学家、经济学家、社会预测学家等就表现出浓厚的兴趣。在相关理论成果中，美国学者约翰·奈斯比特（John Naisbitt）对社会发展趋势进行了分析和预测，于 1982 年发表了被人们评价为“能够准确把握时代发展脉搏”的著作：《大趋势——改变我们生活的十个新方向》。在该著作中，奈斯比特运用“内容分析”方法，对活跃于美国社会的社会性、公共性组织进行分析，他的观察表明，信息社会

① “信息社会发展研究”课题组．全球信息社会发展报告 2015［J］．电子政务，2015（6）：2.

始于美国工业的鼎盛年代，信息社会的经济建筑在信息这一基础之上，信息已成为这一社会最重要的战略资源。在细致地描述美国社会发展的前景时，奈斯比特断言并有力地论证了：信息社会就是当代社会发展的大趋势。

2003 年，在瑞士第二大城市日内瓦召开了首届信息社会世界峰会，在峰会制定的《原则宣言》中，信息社会的定义是：一个“以人为本、具有包容性和面向全面发展的信息社会。在此信息社会中，人人可以创造、获取、使用和分享信息和知识，使个人、社会和各国人民均能充分发挥各自的潜力，促进实现可持续发展并提高生活质量”①。信息社会的最基本特点是信息和知识是最重要的生产力要素，信息社会的特征源自信息和知识的特有性质，即使用信息和知识的人越多，其价值越高。信息和知识在被使用的过程中，其价值得以增长，同时，在利用已有的信息和知识时可以产生新的信息和知识。正如约翰·奈斯比特所说：“在信息社会里，我们使知识的生产系统化，并加强我们的脑力。以工业来作比喻，我们现在大量生产知识，而这种知识是我们经济社会的驱动力。”② 信息、知识是信息社会的两个主导因素，如同工业社会中，在技术和资本的主导和引领作用下，社会结构、人们的生活方式和生产方式有了重大的改变，信息社会则是在信息和知识的推动下，政治、经济、文化领域逐渐将会发生重大变革。

人们在探讨社会运行机制时，一般都会必不可少地研究社会经济问题，因此，在关注信息社会时，由信息和知识所带来的经济领

---

① 张新红．走近信息社会：理论与方法［J］．电子政务，2010（8）：24.

② 约翰·奈斯比特．大趋势：改变我们生活的十个新方向［M］．梅艳，译．北京：中国社会科学出版社，1984：15.

域的变化，也同样成为人们研究的焦点。信息社会经济的产业结构、产业发展模式发生了巨大的改变，其外在表现即是，生产的社会化、物质性生产价值的下降及信息重要性的突出。

第一，生产的社会化。信息社会中，协作生产成为一种新的全球模式。从汽车、计算机、服装到电子产品，其生产和制造并非局限于一个独立的工厂之内进行，而是通过众多供应商的协同工作或合作生产。例如，"苹果模式"就是这样一种新的全球模式，在苹果"全球代工"的生产模式中，有诸多公司与"大苹果"建立了代工合作关系。一名亚洲开发银行的研究人员对苹果手机的生产链进行了大致的介绍，他说：苹果公司自身没有工厂，而是通过订单整合一个大型的供应链，苹果公司只负责手机设计和手机营销，而手机生产几乎都放在美国之外的地方，其生产主要由9家公司承担。其中，来自日本的东芝（Toshiba）、韩国的三星（Samsung）、德国的英飞凌（Infineon）、意大利的博通（Broadcom）、法国的戴乐格半导（Dialog Semiconductor）等大公司负责提供手机的主要零部件，之后手机需要的所有零部件汇聚到位于中国深圳的富士康（Foxconn）公司，进行加工组装，形成终端产品，再运往世界各地销售①。利用信息的整合与通信技术，这样一种由众多小供应商构成的供应链，最终得以形成。这一模式中，产品的生产网络化，生产环节放到工厂以外，由小而专的生产者形成的生产网络所取代。在先进技术所带来的远洋运输、航空运输以及公路运输的迅猛发展和当代信息革命造就的"零距离"通信的全新局面下，如"苹果模

① 光明网．"苹果模式"下中国的得与失［N/OL］．［2012－09－23］. http：//www.ce. cn/culture/gd/201209/23/t20120923_23704889. shtml.

式”般的国际外包生产方式在全球盛行，在该模式中，位于生产链上的每个企业通过协作完成的产品紧密联系起来，并形成相互依托的全球价值链体系。一方面，在价值链中的每个企业，仅仅进行产品某个阶段的生产，而在为完成该产品的生产制造中，企业需要与其他企业进行分工协作，从而形成相互依托的关系。只有融入生产价值链体系中，企业才会获得长久生存和继续发展的机会。另一方面，由独立于总部，在信息与通信技术的支持下，达成合作的企业进行联网生产，而这样一种生产模式的最大优点就在于，企业能灵活应对市场需求、调整产品类型。

位于价值链上的众多供应商得以联网生产的先决条件是信息的透明化，对于任何一个企业来说，只有平等便捷地获取信息和以诚相待，放眼于整个价值链的发展，兼顾整体的利益和社会利益，才有可能和机会融入价值链体系中，单个企业的生产行为只是一系列社会行动的一部分。现代信息技术与通信技术使协作生产成为世界经济结合的主流方式，成千上万的小企业联网生产取代大工厂与垂直整合的企业，这一现实正是社会化生产加速深化的发展趋势。

第二，“非物质性”生产价值的增长。任何价值都有两种表现形态：一是物质形态的价值，即以物质实体为载体的价值，此即所谓使用价值；二是精神形态的价值，即以精神观念为载体的价值，此即所谓精神价值。前者如商品、货币、资本、厂房、机器设备、土地等，后者如文化、意识形态、制度、伦理道德、精神风貌、团队士气等。所谓“非物质性”生产价值，即是精神价值，意指现今价值的创造和产生，已经不同于过去那样建立在有形的物质产品基础上，或者通过可见的物质产品来表现，而是通过无形的精神性的东西来表现，如经济学、管理学中经常提到的“无形资产”“企业形象”“社会资本”“关系网络”“发展战略”“企业文化”等都是这样一种价值，都已深深地融入经济生产过程中。美国加州大学艾尔文分校（University of California，Irvine）三位研究人员詹森·戴德里克（Jason Dedrick）、肯尼思·克雷默（Kenneth L. Kraemer）、格雷戈·林登（Greg Linden）从 iPod（苹果便携式多功能数字多媒体播放器）和笔记本电脑的全球供应链，分析来自创新的财物估价分布，发现苹果从 iPod 的创新中获得了很大的价值。他们将不同公司在苹果 iPod 的生产价值链中所扮演的角色以及其所创造的附加价值，进行了拆解分析。在零售价 299 美元、总共有 451 个零件的 iPod（30G）当中，分销和零售成本为 75 美元，苹果公司的收入为 80 美元，零件的所有成本为 144 美元。最贵的零组件是东芝（Toshiba）所制造的硬盘 73.39 美元，其次依序是显示模块的 23.27 美元、影像/多媒体处理芯片的 8.36 美元、控制芯片的 4.94 美元，在中国（不含港澳台地区）所进行的组装则只值 3.86 美元①。在 iPod 创造的利润中，苹果作为主导设计的领头公司，通过品牌战略、市场营销、工业设计、快速产品开发、商业模式或渠道战略等方式获得优势而占有了 80 美元的毛利润，为一台 iPod 销售价格的 26.8%，而因为组装在整个价值链的创造过程中，只是需要那些廉价的且几乎没有什么不可替代性的劳动力，其价值不到一台 iPod 销售价格的 1.34%。由一台 iPod 的价值解构中，我们可以看到价值创造的重心转移到了品牌、市场营销、创新以及灵活性等“非物质

① Jason Dedrick，Kenneth L. Kraemer，Greg Linden. Who Profits from Innovation in Global Value Chains?：A Study of the IPod and Notebook PCs [J]. Industrial and Corporate Change，2010，19 (1)：81 -116.

性”资产上。

现代管理学之父彼得·德鲁克（Peter F. Drucker）在《后资本主义社会》（*Post - Capitalist Society*）一书中提出随着自动化与信息技术的发展，竞争优势将体现为将普通而常用的知识以创新的方式运用于实践的能力①。信息与通信技术的发展推动网络生产模式的形成和流行，生产的网络化使生产过程中将获得的知识应用到产品和工艺的改进中，从而知识转化为更高级的物质的生产形式。同时，高科技支持下的先进的自动化生产方式，降低了生产线上的劳动力对有形产品价值的贡献。从而，既能给企业带来高额利润，也能突显企业竞争力的，是“非物质性”资产，即企业的品牌形象、市场营销策略、创新性思维以及灵活性作风等精神性价值。

第三，信息的价值日益凸显。在信息与信息技术的引领下，当今社会正在由工业社会向信息社会转变。社会系统是由经济系统、政治系统、文化系统等构成的综合系统，其中经济系统是基础②。一般情况下，不同系统之间的联系就是在系统之间进行物质、能量、信息的传递和交换，系统内部的联系就是系统内部各部分、各要素、各子系统间进行物质、能量和信息的传递和交换③。与其他社会一样，信息社会的形成，同样离不开其与外部系统及其内部的各子系统之间所进行的物质、能量和信息的传递和交换。在信息社会内部，信息经济是其基础，在信息经济中，物质、能量和信息是信息经济的三大支柱，因此，物质、能量和信息的传递和交换是信

---

① Peter F. Drucker. Post - Capitalist Society［M］. New York：Harper，1993：17.

② 龚天平．环境保护如何进入经济伦理［J］．伦理学研究，2013（4）：85.

③ 孔伟．信息技术视域中的社会生产方式［D］．北京：中共中央党校博士学位论文，2004：18.

息社会这一大系统得以存在的基础性条件。

信息经济内部，信息控制整个经济系统的运转。物质资源（如新材料）、能量资源（如新能源）的开发，依赖于信息资源的运用，因为信息资源具有开发和驾驭其他资源能力的，物质资源和能量资源的有效利用需要信息技术来控制。当今人类改造和利用物质资源、发现能量和利用能量资源的能力本已达到前所未有的高度，但信息社会对信息资源的开发和利用则更是达到了空前的高度。在信息高度丰富多样与信息技术高度发达的信息社会中，以开发和利用信息资源为中心的信息产业广泛兴起，并强力推动经济产业结构的演变，同时，信息产业的发展在其他产业的发展中起决定性作用，其进步和发展成为其他技术领域进步和发展的基本手段和根基性依托，对一国国民经济甚至全球经济的稳定和发展起着极大的推动作用。总之，信息社会经济的发展越来越依赖于信息的积累与创新。正如李杨所说："20 世纪下半叶，随着信息的商品化、财产化、数字化和网络化，专门从事信息收集、整理、储存以及扩散的信息服务业已经应运而生，并且成为经济社会中一个支柱性的产业。"① 王宏伟博士在对信息产业对经济增长的影响进行扎实的实证分析后，作出了这样的断言："信息产业对其他产业部门的应用与渗透不断加强，对国民经济的拉动作用不断扩大，信息产业已经成为国民经济发展的主导性和战略性产业。"② 在信息起主导作用的新信息时代，创造、生产和分配信息的工作之重要性在不断上升，信息商品和服务所创造的经济份额也越来越大，信息成为产品，其价值越加凸显。

---

① 李杨．信息产品责任初探［J］．中国法学，2004（6）：72.

② 王宏伟．信息产业与中国经济增长的实证分析［J］．中国工业经济，2009（11）：76.

二、社会组织的繁荣

保罗·霍肯（Paul Hawken）在其著作《神圣的不安》（*Blessed Unrest*）中，描述了一场“运动”，该运动由100多万个参与不同行动的协会汇集而成，是“不符合标准的模式。它是分散的、未完成的和极其独立的。这场运动既没有宣言也没有学说，没有高高在上的权威的监督……这是由各处的普通公民推动的一项大规模事业。”[①] 保罗向我们展示的是一类不容忽视的社会团体，一股社会上能在解决问题中发挥不容小觑之作用的力量。这部分社会力量在著名管理学家亨利·明茨伯格（Henry Mintzberg）看来是“与公共部门和私营部分”并列，“由广泛的一系列人的社团组成”的“社群领域”[②]，它包括了所有既非公共也非私营，既不为国家所有，也不是私人投资者所有的社团。

我国学者刘春将这类团体称为社会组织，并将其界定为：“指为了追求和实现一定的宗旨或目标，依照国家有关法律法规，以公民或团体的身份自愿结成、并按其章程开展活动、不从事经营活动或不以营利为目的的组织形式，具有非政府性、非营利性等特征，其正常运作不受政府部门直接的行政命令而实行自我运作，其开展活动不以营利为目的而实行自主发展、自我管理并与外界环境保持

① Paul Hawken, Blessed Unrest: How the Largest Movement In the World Came Into Being and No One Saw it Coming [M]. New York: Viking Press, 2007: 3, 5.

② 亨利·明茨伯格. 社会再平衡［M］. 陆维东，鲁强，译. 北京：东方出版社，2015：3.

密切联系的社会组织。”① 他认为：“这些组织以其非政府性、非营利性、公益性、自治性等特征，既区别于政府机构，也不同于企业，包括协会、基金会、慈善信托、民办学校、民办医院等多种形式。在我国法律环境下，其主体是社会团体、基金会和民办非企业单位三类组织，也被统称为民间组织、民间非营利组织。国外还有非政府组织、非营利组织、第三部门、公益慈善团体等不同称谓。”②

无论是在国内还是在国外，这些社团或社会组织都在以不同的方式尽力发挥其影响力。这些参与到当今世界大势中去的社会组织有着蓬勃发展的势头，这主要表现为，数量不断增长、服务质量显著提升、服务范围逐步扩大。

第一，社会组织的数量在不断增长。在经济全球化的浪潮中，随着全球化在经济领域蔓延，其对社会领域产生了极其突出的多方面的影响，这样又使社会组织的数量如“井喷式”的不断增长。保罗·霍肯曾力图估算出正在开展社会行动的组织的数量，在2007年出版的著作中，他为所探查到的社会组织的数量之庞大而惊叹：

所以，在好奇心的驱使下我开始计数。通过查看不同国家的政府档案并运用多种方法从税收普查数据估算环境和社会正义组织的数量，我最初的估计是全球共有3万个环境组织。当我增加社会正义和原住民权利组织时，数量超过10万个。然后我想通过研究看看是否有任何在规模或范围上类似的行为，但从过去到现在都没找到。我探究的越多，发现的内容就越多，我在挖掘特定部门或地区

① 刘春．当代中国会组发展史研究［D］．北京：中国社会科学院博士学位论文，2013：4，5.

② 刘春．当代中国会组发展史研究［D］．北京：中国社会科学院博士学位论文，2013：2.

的列表、指数和小数据库时，相关组织的数量不断攀升。就好像在试图捡起一块石头时，却发现了一个更大的地质构造暴露出的尖端。很快我就意识到我起初估算的10万个组织不到真实存在的十分之一。现在，我认为有100万甚至200万个组织正致力于生态可持续性和社会公正①。

——《神圣的不安》

从保罗·霍肯的感叹中，我们可以看到，他对致力于生态可持续性和社会公正的社会组织的估算，其数据在当时已达到200万个。随着经济全球化的深入，社会组织的数量更是大幅增长，其主要原因在于，需要得到关注的问题更加广泛，如劳动就业、食品安全、教育、环境、财产权、文化、人口等社会问题日益突出。还有一个不可忽视的原因，那就是脸谱网、推特、博客以及各种微博等新的社交媒体的大量运用，社交媒体鼓励协作，允许内容的创建者进行创作和交流，人们可以通过“加好友”或“关注”的方式相互联系并参与到社会行动中。

相对于市场、国家、家庭等组织来说，社会组织具有显著不同但又无法漠视或掠过的作用，它们在激发社会活力、促进社会公平、反映公众诉求、化解社会矛盾、增强社会自治功能、规范社会秩序等多方面，都发挥着积极的影响，其大量涌现适应了社会发展的需求，也与经济和技术进步有着密切关联，因此有着不可抗拒的必然性。

第二，社会组织的服务范围逐步扩大。在对社会问题的关注中，不同于政府部门，社会组织关心的问题、关注的议题更加广泛，其

① Paul Hawken. Blessed Unrest：How the Largest Movement in the World Came into Being and No One Saw it Coming［M］. New York：Viking Press，2007：11.

服务范围随着组织的发展和壮大也不断地向外延伸。我们可以以威廉·宾基金会（William Penn Foundation）的发展为例，该基金会成立于1945年，一开始以社会福利为重点，最初的主要捐赠对象为当地的医院和教育机构。到1982年，威廉·宾基金会的捐赠达1亿美元，1/3为社会福利，其中30%为教育，其余16%为医疗，12%为文化[①]。威廉·宾基金会的服务由以社会福利为重点逐渐扩展到社会福利、教育、医疗和文化，其范围不断扩大。

第三，社会组织的服务质量显著提升。社会组织的服务也经历了一个不断改进和上升的过程。仍以威廉·宾基金会的发展为例，在成立之初，该组织主要捐赠当地的医院和教育机构，到理查德·贝内特接任执行会长后，基金会的特点是对当地居民需要的变化比较敏感，其主要理念是基金会不但影响社会，而且也应接受社会的影响，以使其工作符合所服务对象的需要。1982年以后，该基金会更进一步建立私人组织负责人与地方政府对话的机制，从而更好地了解当地居民的需要。鉴于经济衰退和政府福利开支的削减，基金会设立了救急基金，帮助特别匮乏的穷人购买食物和冬天取暖以及加大对残疾人的救助等。此外，该基金会还启动了与其他基金会的合作项目，例如，其1983年的重要工作包括与其他8家基金会合作，为当地无家可归者提供住处；与其他25家基金会合作，帮助2 500名城市青年获得暑期工作，并提供职业培训；为刑满释放青年提供特别服务的项目；帮助西南亚新移民自助自立等[②]。威廉·宾基金会的工作理念由最初的志在影响社会到考虑服务对象的实际

① 资中筠. 财富的责任与资本主义演变［M］. 上海：上海三联书店，2015：161－163.
② 资中筠. 财富的责任与资本主义演变［M］. 上海：上海三联书店，2015：162，163.

需求，在影响社会的同时也接受社会的影响，再到协同地方政府，切实服务于民众。可以说，其服务经历了一个从上到下转变为从下到上再到上下融合的过程，威廉·宾基金会的工作目标越来越清晰，服务质量显著提升。

面对不同的社会问题和现实需求，社会组织不断地跟进自己的服务，力图更好地达到目标。进入 21 世纪后，“新公益”以影响力、效率为目标，以营利与非营利相混合的模式，改变了以往将弱势群体当作单纯接受捐赠对象的常规思路，将其看作是潜在的创业伙伴。“新公益”运用“创投公益”“影响力投资”“负责任的投资”“社会企业”等操作方式，以市场模式做公益，使公益不再仅仅是无偿的捐赠，而是一种具有可持续发展的可营利事业。社会组织的服务在不断拓展，社会对这些社会组织的认同度、好感度也在不断上升。

三、生产性公众的壮大

网络的运用为世界各地的创新人士和生产者提供了广阔的参与平台，在这一平台上，有一类群体正在发挥自己的力量，那就是为了同一事物或共同的目标而聚集到一起的人，即生产性公众。所谓生产性公众，目前并没有学术上的严格界定，本书将其理解为，那些并不参与有形商品生产过程但却可以创造价值的人，这些人往往以群体形式出现于市场经济舞台。在网络化数字媒体技术的支持下，这种生产性公众正在崛起，并成为当代商业运行的重要组成部分。生产性公众壮大的原因来自三个方面：

第一，价值创造的社会化。随着生产网络化和企业价值链的延伸，企业外的其他利益相关者群体参与到价值创造的网络中来。显而易见的是，价值创造活动不再仅仅局限于产品的“生产性”劳动中，而是与一般人类行为的关系越来越紧密。例如，声称“为发烧友而生”的小米，将顾客关系放在首位，首先构建顾客社区，花大力气发展小米网和同城会，布局小米之家和云服务，注重粉丝文化和用户社区发展的研究，然后沿着顾客数字生活方式延伸终端设备及解决方案。由此，小米成功地将自己的梦想平移到消费者身上。“米粉”对小米产品的讨论可能会促进小米新产品的设计、开发和研究。小米秉持“消费者参与”的理念，将消费者的创造性直接吸收到公司的价值链中①。可以说，对“米粉”的一般行为的关注是小米成功的关键因素，“米粉”的一般人类行为成为小米价值链中的重要一环，小米的成功表明，公众的沟通与互动能创造价值。此外，随着企业社会责任的流行，企业在进行文化建设时，从反映企业自身的价值取向转向顾及那些参与到企业价值创造中的更多利益相关者，从而塑造更多无需求的企业文化形式，企业文化更为社会化，从而激发和凝聚更多的公众参与者。

在网络化数字媒体技术支持下，生产社会化势不可挡的同时，价值创造的社会化也在不断地深化，生产性公众的重要性日益凸显。数字媒体的运用使日常生活的方方面面都可能具有“生产性”，生产性公众也许未参与到有形商品的直接生产中，却在其价值的创造中发挥着重要的作用，这些正在成为当代商业实践的组成部分。

第二，互联网为普通人的联合创建平台，为生产性公众的崛起

① 黎万强．参与感：小米口碑营销内部手册［M］．北京：中信出版集团，2018.

提供技术条件。随着网络化的信息与传播技术的发展，公众通过社交网站可以迅速地聚集到一起。围绕共同关切的事物或问题形成公众团体，只需要进入互联的社交媒体平台就能快速实现，数字媒体使人们之间的联系变得普遍化和民主化，网络增强了人与人之间的联系。例如，开源软件网络吸引来自不同领域的参与者围绕共同知识建立并开展合作。这些合作者实际上彼此并不相识，甚至从未谋面，他们通过互联网联合起来，并在协作项目中良好互动。

生产性公众的崛起与强大的互联网数据库和互联网平台密切相关，一方面，互联网数据库和互联网平台可以高效地把持有共同目标的那些人联合起来，有效地促进知识、信息、技术及其他资源的共享；另一方面，互联网数据库和互联网平台增强了普通人联合起来的力量。在互联网平台上，人们围绕某一特定的事物形成团体，构建团队力量，这样的联合只需要接入互联网的社交媒体平台就能达到，不需要大量的资本投入。

第三，"参与式文化"的扩散，促进了生产性公众的扩大。网络技术平台的发展改变了人们创造和分享文化的方式，随着网络平台的扩展和便利化，参与式内容创作也逐渐普遍化。各种新型的网络平台的出现，使用户不仅可以访问他人的网络内容，而且可以参与其中，上传自己的创意作品、组建社会关系以及对他人或产品、服务做出评价。在网络上发布视频、撰写博客、发表评论及进行各类网络创作是一种交流和分享、宣告存在的方式。参与式技术创作的内容在不断丰富，人们在网上分享信息和创造信息中与他人建立起联系，当然，这种线上联系与线下的社会生活走向是密切相关的。

随着互联网的普及，公众线上活动与线下活动的关系越来越紧密。公众可以通过社交网站聚集在一起就某一城市建设的某一议题发表看法、进行协调并号召人们参与项目的创新。利用社交网站，公众可以线上共享设计，一起交流，相互学习再共同创造，可以在线上协调线下的产品的生产，促进产品的交换。可以说，生产性公众在线下的活动空间正在日益扩大。

正如尼古拉·彼得森和亚当·阿维森所言："创造财富的过程正在发生转变，我们所称的'生产性公众'正成为组织物质生产以及非物质生产的一股新生力量。"[①] 随着信息社会网络的普及，生产性公众在壮大，他们借助高度媒体化手段形成协作网络并协同创造，在物质生产和非物质生产中都发挥着越来越重要的作用。

第二节　中国经济发展的新常态

随着道德经济在国际社会兴起和发展的历程，中国经济发展也进入新常态。作为经济发展新阶段的新常态的到来，要结合改革开放前后的历史才能得以全面的理解。应该说，改革开放前后两个 30 年的经济发展各具特色，但都是在以不同的方式致力于中华民族的伟大复兴。改革开放前，全国人民在中国共产党的领导下，经过近 30 年的艰苦努力，我国的经济建设取得了巨大成效，这就是基本建立起一个独立的、较为完善的工业体系和国民经济体系。但是，原

① 尼古拉·彼得森，亚当·阿维森．道德经济：后危机时代的价值重塑［M］．刘宝成，译．北京：中信出版社，2014：XI.

有的发展模式也造成了诸多问题，国家发展举步维艰。在1978年召开的中国共产党十一届三中全会上，以邓小平为代表的中国共产党人作出了伟大的历史性抉择——改革开放。

一、改革开放第一个30年中国经济的高速发展

改革开放和经济体制的转型引起了社会的深刻变革，带来了经济的高速发展。美国著名国际投资银行家和作家罗伯特·劳伦斯·库恩博士在其著作《中国30年：人类社会的一次伟大变迁》中，讲述了“中国30年改革开放的恢宏篇章”，他说：“2008年12月，中国即将迎来改革开放30周年的庆典，此刻，有两件事可以确定。第一件事是过去的30年里，中国实现了中国历史上（可能也是世界历史上）最令人瞩目的持续增长；从来没有那么多人进步得如此之快。第二件事是未来将会与过去的30年大不相同；中国从未面临过如此之多的复杂性。”① 罗伯特肯定了中国30年改革开放的辉煌成绩，应该说，他的评价较为客观地反映了中国的现实，中国经济在改革开放中的确成就斐然。

中国经济在改革开放后历尽长达30年的高速增长，成为仅次于美国的世界第二大经济体，中国经济发展和经济增长速度也成为国内外学者讨论的热点问题。俄罗斯学者伊拉里奥诺夫把中国经济持续的高增长称之为中国的经济“奇迹”，他采用对比手法并以大量具体数据，向世人展示中国经济自改革开放以来所发生的令世人瞩

① 罗伯特·劳伦斯·库恩．中国30年：人类社会的一次伟大变迁［M］．上海：世纪出版集团，2008：415.

目的和具有蓬勃生机与活力的巨大变化，以及中国所取得的空前巨大的经济成就①。安德森·乔纳森（Anderson Jonathan）在《中国的真实增长：没有神话也非奇迹》（*China's True Growth*：*No Myth or Miracle*）一文中，用数据说明中国经济迅猛增长的现实，探讨中国经济增长的动因②。国内学者简新华通过经济增长速度、经济总量和人均量、主要工农业产品实物量、基础设施建设、国际经济关系和生活水平等具有综合性和代表性的指标，简略回顾改革开放30年中国经济发展的成就，概括了中国经济模式的基本特征和成功经验③。吴敬琏从经济总量的高速成长、人民生活水平普遍提高、减贫取得很大成效三个方面，说明改革开放30年以来中国的经济和社会发展所取得的举世公认的巨大成就④。

在改革开放前30年中，中国结合本国的实际国情、大胆借鉴国外经济发展模式、不断总结经验，形成了日渐丰富、逐步完善的中国特色经济发展道路。自1978年以来，中国在经济领域中推进一系列渐进式的改革，中国经济和社会发展取得了令世界感叹的成就。中国的改革之所以受到世界各国的重视和认可，关键在于包括政府在内的经济行为主体、积极主动地适应外部环境，创造出全新的经济发展模式，这种模式充分利用了中国经济发展初始环境中的基本条件，能有效地整合计划经济体制下的大量闲置资源、满足短缺经

① A. 伊拉里奥诺夫．中国经济“奇迹”的奥秘［J］．一丁，译．国外社会科学，1999（5）．

② Anderson Jonathan. China's True Growth：No Myth or Miracle［J］. Far Eastern Economic Review，2006（9）：169.

③ 简新华．中国经济发展的回顾和展望——纪念新中国建国60周年［J］．经济与管理研究，2009（8）．

④ 吴敬琏．让历史照亮未来的道路：论中国改革的市场经济方向［J］．经济社会体制比较，2009（5）．

济条件下市场需求的扩张；也充分运用了发达国家经济转型和经济全球化过程中现代标准化生产技术和生产能力向发展中国家转移的机会，通过改革开放，实行了新经济体制和新发展模式，从而带来了中国经济30年的高速增长。下面我们从经济增长的速度、人民的生活水平和外汇储备三个方面的发展现状和进展，简单回顾和总结一下改革开放对中国经济发展的巨大贡献。

第一，经济总量飞速增长。宏观经济学中，人们一般以GDP为衡量经济发展的重要指标，其原因在于，GDP“代表了一国或一个地区所有常住单位和个人在一定时期内全部生产活动的最终成果，反映了一个国家的国民经济的生产总量，可以对一国经济总体运行的表现作出概括性衡量，反映出一国（或地区）的经济实力……”① GDP体现的主要是经济活动的总量，经济活动总量越大，GDP的数值就越大。经济总量的增加是经济增长的主要指标，改革开放前30年，这项指标有着显著的变化。1978年中国的国内生产总值（GDP）为3 645.22亿元人民币，到2008年上升到314 045.43亿元人民币，排名由1978年居世界第10位提升至2008年的居世界第3位②。人均国民总收入的快速增长也是衡量经济增长的重要指标，中国的国民总收入由1978年的190美元上升至2007年的2 360美元。根据世界银行制定的标准，中国已经由低收入水平国家跃升到世界中等偏下收入水平国家行列③。

第二，人民的生活水平有了极大的提高。提高人民的生活水平

① 谷佰成．中国GDP质量综合评价及分析［D］．兰州：西北师范大学硕士论文，2009：10.

② 数据来源：中国国家统计局．

③ 洪忠．改革开放三十年经济社会发展成就辉煌［J］．中国财政，2008（12）：16.

是经济发展的根本目的，人民生活状况的变化可以通过食品支出总额占个人消费支出总额的比重即恩格尔系数（Engel's Coefficient）、农村和城市居民的可支配收入和居住面积、人均预期寿命三个有代表性的综合指标的变化来说明。由于城镇与农村在组织生活、生产及财富创造手段上的不同，两者的经济水平存在差异，农村与城市的恩格尔系数有着不同。1978 年，中国农村的恩格尔系数是 67.7%，到 2008 年该系数为 43.7%，下降 24%。1978 年中国城市的恩格尔系数为 57.5%，到 2008 年该系数为 37%，下降 19.6%[①]。从这些数据可以看出，人民的生活状况有了极大的改善，实现了经济发展的根本目的，即经济的增长是为了促进人民生活水平的提高。此外，改革开放前 30 年，农村居民纯收入和城市居民可支配收入分别提高 6 倍多；人均居住面积在农村增加了近 3 倍，在城市增加了 4.4 倍；人均预期寿命也由 68 岁提高到 73 岁，超过世界人均数 8 年[②]。

第三，外汇储备富足。改革开放后，随着中国对外经济的发展，经济项目贸易盈余不断增加，外汇储备的短缺状况很快就得到扭转，在短时间内经历了由短缺到富足的上升过程。外汇储备是国民经济发展的累积，是一个国家的自主财富，其增长意味着综合国力的增强。自 1978 年以来中国外汇储备规模增长迅速，由 1978 年的 1.67 亿美元到 2008 年的 19 460.3 亿美元，中国外汇储备呈现出前所未有的高增长状态。充足的外汇储备体现出我国在生产、贸易上的相对优势和金融上逐渐增强的影响力。在金融全球化的背景下，

---

① 数据来源：中国国家统计局.

② 朱佳木. 中国改革开放 30 年基本经验的核心［J］. 马克思主义研究，2009（5）：5－10.

世界主要经济体相互依存，在以经济为重要手段的国际博弈格局中，我国的高额储备能成为有效筹码。毋庸置疑的是，改革开放后外汇储备规模的迅速增长为国家经济社会的发展奠定了良好基础。

二、中国经济发展为何要转向新常态

中国改革开放40多年，经济增长迅猛，取得举世瞩目的成绩。从历年中国国家统计局公布的经济数据看，自1978年始，我国GDP年均增长率保持着近两位数的高速增长，2007年在出口和投资的拉动下GDP增长率高达14.16%。在经济增长率创新高的同时，2007年全年平均通胀率达到4.8%，大大超过了政府制定的3%的目标。高达4.8%的通货膨胀率是经济过热的负面影响，中国政府开始采取和实施各种升息以及其他使经济降温的措施。2008年，在国际金融危机的影响下，中国GDP为314 045.43亿元，比上年增长9.63%，增幅放缓。随着金融危机的进一步加剧、恶化，2012年GDP增长率为7.65%，2013年增长率为7.67%，2014年该数据下降到7.4%，经济增速明显回落①。在经济增长指数不断攀升的30年中，重规模、重速度的理念，指导高强度、大规模的开发建设，发展不平衡、不协调、不可持续等问题日益突出，能源、资源、环境的制约影响越来越明显，过度依靠要素驱动和投资驱动的经济发展模式陷入困境。经济增长依靠要素驱动，产业结构不合理，经济增长动力转变是改革开放第一个30年经济高速增长时期的主要特征，同时也是经济发展遭遇瓶颈的原因。

① 数据来源：中国国家统计局.

第一，经济增长依靠要素驱动。改革开放40多年来，我国经济增长主要是依靠劳动力、资本、资源三大传统要素的投入，是一种典型的要素驱动型增长①。资本、劳动力等生产要素的规模扩张是支撑中国经济高速增长的要素，“粗放型”和“数量型”扩张则是中国经济增长的方式。在生产要素的巨大投入下，中国经济高速增长。然而，自“十二五”规划以来，依赖资本、劳动力等要素规模扩张的“粗放型”“数量型”增长方式不能持续，需要寻找新的方式：中国的劳动力成本不断上升，人口红利逐渐消失；2003年“房改”以来，房价不断上涨，与此同时用地成本则更是节节攀升；从能源要素看，国内能源供给能力不足，能源需求的大幅度增长导致能源依靠进口来维持，这种局势带来的是能源价格的持续上涨。有学者认为，改革开放以来，中国经济增长很大程度上依靠拼资源获得②。经济主体在经济发展的初期，依靠劳动密集型、资源密集型产品，进行的是“高投入、高产出、高增长、高污染”的生产模式。靠数量的扩张和价格的无序竞争实现的是粗放式增长，而这又以能源、资源的大量消耗为代价，带来的是资源的浪费和环境承载能力已经达到或接近上限，显然，这种增长是有限度的，具有不可持续性。在各要素资源禀赋的变化中，中国经济进入转型发展的新时期，开始谋求新的增长方式，那就是“集约型”和“质量型”增长方式，这些方式不再依赖于生产要素，而是依靠改革创新。

第二，产业结构的变化和调整。自改革开放到“十一五”期

---

① 张占斌，周跃辉．关于中国经济新常态若干问题的解析与思考［J］．经济体制改革，2015（1）：35.

② 陈雪薇，沈传亮．我国探索推动经济组织方式转变的历程及启示［J］．毛泽东邓小平理论研究，2009（8）：10.

末，中国经济增长的主要动力是工业，中国经济高速增长的过程也正是工业化发展过程，在这个进程中，中国的产业结构发生了重大的变化。与其他产业相比，第一产业增加值增速较缓，农业在 GDP 中的占比重持续走低。工业的快速膨胀极大地带动着服务业的增长和中国城镇化的速度，经济增长主要动力为工业的特征很是突出。自“十二五”规划实施以来，第三产业更是迎来了其繁荣昌盛期，2011～2014 年第三产业每年的平均增加值增速高达 12.65%，这一数据远高于同期 GDP 的增长速度和同期工业的增长速度，第三产业增加值在 GDP 中的占比大幅度上升，由 2011 年的 44.3% 上升到 2014 年的 48.2%①，自 2012 年开始，第三产业增加值占 GDP 的比重超过第二产业增加值占 GDP 的比重，第三产业替换掉第二产业，在中国经济发展中起主导作用。我国很快步入服务经济时代，这一时代的到来意味着服务业的发展将对我国经济增长发挥更加重要的作用。由此可以看出，随着改革开放 40 多年的发展，经济发展的“三驾马车”动力出现变化；原来的经济增长方式难以为继；产业结构也在进行调整升级。

第三，经济增长动力的转变。长期以来中国经济学研究者习惯了通过投资、出口、消费等来分析经济的运行。改革开放以来至“十一五”期末，出口和投资是拉动中国经济增长的主要动力。在这一过程中，中国形成了以政府为主导、投资为驱动的经济增长方式，并形成了与之相适应的产业结构。从“十一五”期间的 GDP 构成来看，投资在 GDP 中所占的比重在逐年上升，2006 年占 50.9%，2010 年的数据为 69.3%。从投资对经济增长的贡献率来看，2006

① 数据来源：中国国家统计局.

年投资对经济增长的贡献率为43.6%，2010年的数据达到52.9%，2009年更是高达87.6%。这一时期的明显特征是，投资加速增长而经济增长速度却开始下降，这表明，庞大的投资对经济增长的拉动作用变得越来越力不从心。另外，中国的最终消费率在1981年的时候是67.1%，之后呈现缓慢下降的趋势，1995~2000年又逐步从58.1%上升到62.3%，从2000年再次开始下降，2003年以后下降的速度变快，到2008年以后基本都在49%以下。出口和投资占GDP比重分别从1978年的4.65%和38.2%上升至2010年的26.57%和48.1%，消费占GDP比重则从1978年的62.1%下降到2010年的48.2%[①]。这些数据充分说明，出口和投资的快速发展（特别是出口）是拉动中国经济高速增长的主要动力。“十二五”规划以来，由于国际经济形势的巨大变化（美国金融危机及欧债危机等）及我国经济步入转型发展的新阶段，出口和投资动力衰减。这段时期出口和投资依然持续增长，但是，消费占GDP比重从2011年的50.2%上升到2014年的51.2%，出口和投资占GDP比重则分别从2011年的25.63%和47.3%下降至2014年的22.46%和46.1%[②]。“十二五”规划以来在需求动力层面，中国出口和投资动力逐渐衰减，消费对经济增长的拉动作用增强。

三、何谓经济发展新常态

“新常态”是2008年后首先在国外出现的一个概念，西方媒

①② 数据来源：中国国家统计局.

体用“新常态”概念说明2008年全球金融危机给世界经济带来的影响及其新的发展态势。2009年在《迈向新常态》（*On the “Course” to a New Normal*）中，比尔·格罗斯提出，美国在危机之后将告别“旧常态”进入“新常态”，他用经济增速下降、公共财政面临挑战、私人部门去杠杆化、失业率持续高水平、强监管来描述“新常态”的主要特征①。2010年太平洋投资管理公司的首席执行官（CEO）埃里安在《驾驭工业化国家的新常态》报告中，用“新常态”概念来说明经济危机后世界经济的新特征。之后，2014年埃里安又进一步阐释了该概念，他指出，“新常态”主要是指西方发达经济体在危机过后将陷入长期疲弱、失业率高的状况，并提出造成这样状况的直接原因是，超高的杠杆比率、过度负债、不负责任地承担高风险和信贷扩张等因素。埃里安认为，发达经济体需要较长的时间去消化这些负面冲击，如决策当局不改变经济政策，这一新常态会长期化②。在此意义上，“新常态”概念被用于对经济危机后，发达经济体所面对的“长期停滞”③ 期的描述和刻画。

在我国，“新常态”概念的提出则有特定的时代背景。回顾我

---

① Bill Gross. On the “Course” to a New Normal [J]. Investment Outlook, 2009, “We are heading into what we call the New Normal, which is a period of time in which economies grow very slowly as opposed to growing like weeds, the way children do; in which profits are relatively static; in which the government plays a significant role in terms of deficits and reregulation and control of the economy; in which the consumer stops shopping until he drops and begins, as they do in Japan (to be a little ghoulish), starts saving to the grave.”

② 李扬，张晓晶．“新常态”：经济发展的逻辑与前景［J］．经济研究，2015（5）：4.

③ “长期停滞”：美国前财政部长萨默斯（Summers）提出，自2008年金融危机以来，全球经济特别是主要发达经济体进入了所谓的“长期停滞”（secular stagnation）时期。这一时期的主要特点有四个：一是劳动生产率下降；二是人口结构与劳动力市场恶化；三是收入分配恶化；四是基于长期停滞所呈现出的一系列衍生性现象，如经济恢复进程逡巡不前、贸易保护主义加剧等。

国改革开放40多年经济高速增长的历程，不难看到，中国“经济奇迹”的创造，依靠的是两方力量的支撑：一是外部的世界市场的强大需求；二是国内传统人口红利及资源环境红利等的比较优势。当外部世界经济呈现出“总量需求增长缓慢、经济结构深度调整”的显著特征和国内的传统人口红利及资源环境红利等渐渐减弱时，中国经济高速增长的内外部支撑环境发生变化，中国经济增长速度在历经多年的上涨后开始下降，速度由从高速转向中低速。在这样的经济背景下，习近平总书记四次提到“新常态”。2014年5月，习近平在考察河南的行程中，第一次提出中国经济发展新常态，并强调：“我国发展仍处于重要战略机遇期，我们要增强信心，从当前我国经济发展的阶段性特征出发，适应新常态，保持战略上的平常心态。”① 之后，“新常态”概念开始流行，并成为学界研究的热点问题。2014年7月29日在党外人士座谈会上，习近平再次提到“新常态”，他说：“正确认识我国经济发展的阶段性特征，进一步增强信心，适应新常态，共同推动经济持续健康发展。”② 到2014年11月10日，亚太经济合作组织（APEC）工商领导人峰会开幕式上，习近平对中国经济发展新常态的重要特点进行了总结，他说：“中国经济呈现出新常态，有几个主要特点。一是从高速增长转为中高速增长。二是经济结构不断优化升级，第三产业、消费需求逐步成为主体，城乡区域差距逐步缩小，居民收入占比上升，发展成果惠及更广大民众。三是从要素驱动、投资驱动转向创新驱

---

① 新华社．习近平总书记在河南考察［N］．人民日报，2014-05-12（A01）．

② 新华社．中共中央就当前经济形势和下半年经济工作召开党外人士座谈会［N］．人民日报，2014-07-30（A01）．

动。”[①] 习近平总书记用言简意赅的语言描绘了新常态下中国经济发展的主要表现：“一是新常态下，中国经济增速虽然放缓，实际增量依然可观。二是新常态下，中国经济增长更趋平稳，增长动力更为多元。三是新常态下，中国经济结构优化升级，发展前景更加稳定。四是新常态下，中国政府大力简政放权，市场活力进一步释放。”[②]

2014 年 12 月 9 日的中央经济工作会议上，习近平总书记又从九个方面，全面系统地分析了中国经济新常态的表现、成因及发展方向，他说：“认识新常态，适应新常态，引领新常态，是当前和今后一个时期我国经济发展的大逻辑。”[③] 2016 年 1 月 18 日，在省部级主要领导研讨班上的讲话中，习近平提出：“新常态下，我国经济发展的主要特点是：增长速度要从高速转向中高速，发展方式要从规模速度型转向质量效率型，经济结构调整要从增量扩能为主转向调整存量、做优增量并举，发展动力要从主要依靠资源和低成本劳动力等要素投入转向创新驱动。”[④] 从西方学者对“新常态”概念的阐释、运用和习近平总书记在中国特定环境下提出中国经济发展新常态可以看到，“新常态”概念在中西语境中有着不同的内涵。西方学者的“新常态”是一个有着消极意义的概念，用来描述经济处于“长期停滞”期的特征。而中国新常态“既是对当前中国经济运行状态的概括，也是对传统经济增长模式的反思以及未来中国经

①② 习近平：在亚太经合组织工商领导人峰会开幕式上的演讲［N］. 人民日报，2014－11－10（A02）.

③ 厉以宁，吴敬琏，周其仁，等. 读懂中国改革 3：新常态下的变革与决策［M］. 北京：中信出版社，2015：45.

④ 习近平谈治国理政（第二卷）［M］. 北京：外文出版社，2017：245.

济走势的判断。”[①] 这显然有着积极的内容，是正向性的判断。新常态下，中国经济呈现出了诸多具有进步意义的新特征。

（一）经济增长速度由高速向中高速转换

经济增长速度由高速向中高速转换是经济新常态的基本特征。在改革开放的前30年中，中国经济每年保持近两位数的增长，取得了举世瞩目的成就。2012～2015年中国GDP分别增长7.7%、7.7%、7.4%、6.9%，2016年前三季度增长6.7%[②]。由这些数据可见，中国经济增长在由高速向中高速转换，进入了异于以往，而又在一定时期内保持相对稳定的“新常态”。从表面上看，经济增长速度的减速是经济增长由强劲向乏力转变的结果，但我们也不难看到在经济增长速度回落的同时伴有多个积极变化。

第一，经过30多年的高速发展，中国经济的体量已具相当规模。2017年，中国国内生产总值比上年增长6.9%，总量超过80万亿元人民币，达到82.7万亿元人民币，经济总量位居世界第二[③]。增量超过5万亿元，光增量部分就高于1994年全年的经济总量4.7万亿元。

第二，中国经济的质量和效益在不断上升。在经济增长数量、质量和效益三者的关系中，经济数量迅速增长的同时不会自发实现经济增长质量和经济增长效益的提升，而经济数量缓慢增长也并非一定会影响经济增长质量和经济增长效益的提高。从近几年三大产业增加值的变化看，2015年，第一产业较上年增长3.9%，第二产业比上年增长6.0%，第三产业比上年增长8.3%。2016年，第一

① 孙明贵．经济新常态下中国企业转型升级的战略取向［J］．企业经济，2015（7）：5.

②③ 数据来源：中国国家统计局．

产业跟上一年相比增长 3.3%，第二产业增长 6.1%，第三产业增长 7.8%。第三产业增速高于第一产业和第二产业。从三大产业在国民经济中的比重变化来看，1978 年，第一产业、第二产业、第三产业在国民经济中的比重分别为 28.17%、47.88%、23.94%。2014 年，第一产业、第二产业、第三产业在国民经济中的占比分别为 9.17%、42.72%、48.11%①。第一产业的比重大幅度降低，第三产业的比重明显增加。各产业增加值的变化和在国民经济中的占比变化反映出经济增长质量和效益在不断上升。2015 年，第三产业在国民经济中的比重继续上升，达到了 50.5%②，高于第一产业和第二产业占比之和，这表明中国已经步入了服务经济时代。

第三，中国经济进入了新的调整期，消费向服务性商品倾斜，生态效益显露。2016 年，第三产业增加值占 GDP 的比重为 51.6%，比上年提高 1.4 个百分点，高于第二产业 11.8 个百分点。需求结构继续改善，全年最终消费支出对 GDP 增长的贡献率为 64.6%。节能降耗成效突出，全年单位 GDP 能耗比上年下降 5.0%③。这些数据表明，人们逐渐倾向于服务性商品的消费，生态效益逐渐显露。

（二）传统产业和中低端产业转向中高端产业

在过去的 30 多年中，强大的外需和人口及资源红利是经济增长的支撑，要素规模生产是经济增长的方式，中国经济总量虽然居世界前列，但许多产业仍处于世界的中低端，以传统的粗放型经济为增长路径。在新常态下，新兴产业、知识密集型产业等中高端产业兴起，传统产业和中低端产业转型升级，打开了我国产业由“低端锁定”向“中高端奋进”的局面，改变了我国产业在全球价值链中

①②③　数据来源：中国国家统计局.

的地位。推进产业转型升级，就是要提升中高端产业的竞争力，增加产品的附加值，在全球产业链分工中，实现由低附加价值的环节向高附加价值环节的升级。中国消费结构和供给结构的明显变化，可以说明我国产业结构的提升。

第一，中高端消费需求不断增加。一方面，2005 年，中国低端产品的进口占全国制成品进口的比重在不断下降，2005 年为 13.37%，2010 年下降为 9.36%，2014 年继续下降至 8.79%。另一方面，中国中高端产品进口占比在增加。高端产品的进口占比，2010 年为 12.57%，2010 年上升到 15.29%。中端产品的进口占比，2005 年约为 26%，2014 年提高至 29.1%①。由数据可知，我国消费结构发生了明显变化，低端消费在减少，中高端消费需求不断增加。

第二，供给结构积极转变。随着消费结构的变化，我国的供给结构也发生了相应的变化。2015 年，中国高技术产业投资为 32 598 亿元，增长 17%，在固定资产投资（不含农户）中的占比为 5.9%。高技术制造业增加值增长 10.2%，占规模以上工业增加值的比重为 11.8%。2015 年，技术改造投资 9.5 万亿元，同比增长 13.6%，增速比上年同期提高 0.3 个百分点②。中国战略性新兴产业实现了快速发展，2015 年新一代信息技术、生物、节能环保以及新能源等新兴产业领域 27 个重点行业规模以上企业主营业务收入达 21.9 万亿元，实现利润总额近 1.3 万亿元，同比分别增长 15.3% 和 10.4%③。七大战略性新兴产业都有所发展：（1）节能环保产业

---

①③　数据来源：中国国家统计局.

②　高波. 新常态下中国经济增长的动力和逻辑［J］. 南京大学学报（哲学·人文科学·社会科学），2016（3）：32，33.

规模继续扩张，发展势头强劲，2014 年 1 月到 8 月，环保专用设备和监测仪器行业主营业务收入达 1 692.4 亿元，同比增速达到 24.4%。（2）新一代信息技术产业结构调整、产业升级，不断提质增效。2014 年完成销售 14 万亿元，与 2013 年同期相比较增长 13%；其中，电子信息制造业主营业务收入为 10.3 万亿元，与 2013 年同期相比较增长 9.8%；软件和信息技术服务业收入为 3.7 万亿元，与 2013 年同期相比较增长 20.2%。（3）生物产业较快增长，2015 年上半年中国医药工业规模以上企业实现主营业务收入 12 355.61 亿元，同比增长 8.91%。（4）高端装备制造产业快速增长。2014 年，中国规模以上城市轨道交通设备制造行业累计实现销售收入 137.11 亿元，同比增长 64.75%，共计实现利润总额 7.59 亿元，同比增长 47.34%。（5）新能源产业发展持续向好。2015 年全国（除台湾地区外）新增装机容量 3 297 万千瓦，新增风电核准容量 4 300 万千瓦，同比增加 700 万千瓦，累计核准容量 2.16 亿千瓦，累计核准在建容量 8 707 万千瓦。（6）新材料产业保持快速增加态势，市场规模一直保持 20% 以上。（7）新能源汽车市场迎来爆发式增长。2015 年，新能源汽车产销 340 471 辆和 331 092 辆，同比分别增长 3.3 倍和 3.4 倍；电子信息制造业实现主营业务收入 11.1 万亿元，同比增长 7.6%①。战略性新兴产业对经济社会发展产生了重大的引领带动作用，是产业结构调节的重要力量。

（三）经济结构发生深刻变化

经济结构包括产业结构、内外需结构、城乡结构等。改革开放

---

① 参见中商产业研究院 . 2016 年中国战略性新兴产业市场规模预测分析［EB/OL］. http//www.askci.com/news/chanye/20160413/102753718.shtml.

的前30多年中，中国逐渐建立起门类齐全、体系较为完整的现代产业体系，然而，在一味地以GDP指数看待发展的指导思想下，经济结构的合理性问题被漠视。通过工业扩张、城区扩张和增加税收来增长GDP的策略，所带来的是能源、资源的极大浪费，严重的环境污染、就业和民生改善困难等社会问题。第二产业的增加值在进入20世纪以来的前10年中一直保持在GDP中占据较大的比重。到2013年，中国GDP有了新的特点，第一产业、第二产业、第三产业增加值分别为56 957亿元、249 684亿元和262 204亿元，第三产业增加值超过第二产业增加值12 520亿元，这些数据表明第三产业增加值在GDP中占有的比重高达46.1%，首次超过第二产业，2014年上半年，这一比重进一步上升至46.6%，表明中国的产业结构在逐步优化[①]。据国家统计局发布的统计数据显示，2014年前三季度的最终消费仍然保持了较快增长。显然，自全球金融危机爆发以来，在拉动中国经济增长的“三驾马车”——投资、出口、消费中，“消费”这匹马没有受到明显的影响，成为带动经济增长的重要因素之一，这说明中国经济结构在逐渐趋向合理化。

综上所述，经济发展新常态有着丰富的内涵，是关于经济发展某一阶段的长期现象和历史特征的现实描述和理论刻画。经济发展常态即经济发展的正常状态，包括：经济增长率在一定时期和范围内的波动属于正常状态；新的生产方式替代旧的生产方式也是正常状态；产业结构、消费结构的升级也是正常状态；三大产业在国民经济中的比重变化也是正常状态。常态与非常态相对应，常态和非

---

① 张占斌，周跃辉．关于中国经济新常态若干问题的解析与思考［J］．经济体制改革，2015（1）：35.

常态的衡量标准需要针对不同的问题加以区分，就经济增长而言，不能简单地就速度谈速度，认为高速经济增长是常态或低速经济增长是常态。就经济增长速度而言，要看生产要素是否可以支撑、环境容量是否允许、增长是否稳定、增长是否可持续；就经济增长动力而言，要看动力是否可持续、是否多元；就经济结构而言，要看结构是否合理、能否支撑经济的平稳增长。

第三节　经济发展新常态的伦理动因

时代处于不断更替的进程中，历史告诉我们，时代更替前期必定会有一些推动时代变更的伦理价值观。同样地，经济发展的进程中也往往会出现一些能催生新经济行为方式的伦理价值观。新伦理价值观的出现会冲击旧经济行为方式的价值合理性基础，并逐渐改变人们对旧的行为方式的看法，从而进一步调整和校正旧的行为方式向更为合理的新经济行为方式转化。这充分地表明，经济发展与伦理价值观之间有着密切的联系。这一点我们可以从韦伯思想和马克思主义伦理学中得到基本的理论依据。

一、“韦伯命题”及其启示

对经济发展与伦理之间的关系进行精辟论证并且最有影响力的学者之一，显然不能避开的是德国著名的社会学家、思想家马克斯·韦伯（Max Weber），其对新教伦理和资本主义精神关系的道德社会学论证引起众多学者的兴趣，人们对“韦伯命题”的探讨至今仍是热点，从中我们也可以窥见经济发展与伦理价值观之间的深刻关联。

（一）“韦伯命题”对新教伦理和资本主义的兴起和发展关系的探求

在《资本论》中，资本主义兴起在马克思看来是一种经济现象，他认为，资本积累及其不断扩大再生产，是资本主义之所以兴起的根源，也是其之所以获得发展的根本动力。然而，韦伯提出近代西方还有一种从未在其他地方出现过的资本主义形式，这种资本主义形式就是“（在形式上的）自由劳动之理性的资本主义组织方式。”[①] 从马克思和韦伯对资本主义的阐述来看，后者没有像前者那样从生产资料所有制的角度来理解资本主义。韦伯所称的资本主义是以“自由劳动的理性组织”为特征的经济行为，他认为一部世界文化史中的中心问题就是：“以其自由劳动的理性组织方式为特征的这种有节制的资产阶级的资本主义的起源问题。”从文化史的角度来说就是：“西方资产阶级的起源及其特点的问题。”韦伯断言该问题与资本主义劳动组织的起源和特点的问题之间有着密切关系[②]。进而，韦伯以其独特的视角展开对这种经济行为的起源问题即资本主义的起源以及其原动力的探讨，从而提出“韦伯命题”，该命题涉及两个问题：（1）近代资本主义文明为什么最初发生在欧美，而没有出现在其他地方？（2）理性文化为什么仅仅发生在西方，并且以西欧最为突出？[③]

---

① 马克斯·韦伯．新教伦理与资本主义精神·导论［M］．于晓，陈维刚，等译．西安：陕西师范大学出版社，2006：7.

② 马克斯·韦伯．新教伦理与资本主义精神·导论［M］．于晓，陈维刚，等译．西安：陕西师范大学出版社，2006：9.

③ 唐凯麟．西方伦理学名著提要［M］．南昌：江西人民出版社，2000：388.

在《新教伦理与资本主义精神》(*The Protestant Ethic and the Spirit of Capitalism*)一书中，韦伯以历史和比较的方法，基于西方宗教和社会演变历程，构建起宗教伦理与社会经济辩证互动的逻辑模型，该模型具有普遍意义，并用此模型对两者之间的内在联系进行了分析。在分析的基础上他提出某种宗教观念对一种经济精神发展的影响，或者说一种经济制度所具有的社会精神气质，通常是最难把握的问题①。通过考察近代资本主义的发展历程，韦伯认为，早期资本主义能得到较快的发展与宗教伦理规范有着内在的契合关系。在此意义上，他提出，是新教伦理培育了近代资本主义精神，资本主义精神又推动资本主义发展——新教伦理的“天职观”构成资本主义的文化根基，“预定论”“恩宠论”“禁欲主义”塑造了资本主义精神。

第一，“天职观”为资本主义精神奠定内在动力。韦伯认为，新教将劳动视为一种天职的观念是资本主义精神所倡导的职业思想，而这种观念源自圣经的“天职”概念，其意为“上帝安排的任务”。传统基督教否认世俗生活具有的价值、意义，鼓吹远离世俗生活，进行精神修炼，宗教改革后的新教对世俗生活进行道德辩护，对人们的日常活动给予了肯定评价，新教教理的核心内容反对人们以苦修的禁欲主义超越世俗道德，提出“上帝应许的唯一生存方式”是完成个人在现世里与其所拥有的地位相称的责任和义务，这就是他的天职②。新教教义主张人们的所有工作是上帝赋予的神

① 马克斯·韦伯．新教伦理与资本主义精神·导论［M］．于晓，陈维刚，等译．西安：陕西师范大学出版社，2006：11.

② 马克斯·韦伯．新教伦理与资本主义精神［M］．于晓，陈维刚，等译．西安：陕西师范大学出版社，2006：34.

圣职责，唯一任务就是尽最大的可能服从上帝的圣戒。该教义的教导是如果财富是人们在他们履行天职中获得的，其逐利行为是道德上得到认可的，而且还是道德上的期待[①]。自此，“天职观”赋予俗世工作神圣的光环，新教徒谋取尘世的利益不再受到禁止，世俗的劳动被看作是在履行天职，是神圣的，是合乎价值理性的行为。“天职观”将世俗活动与宗教原则联系起来，在教徒心中，世俗劳动是神圣的使命，是他们应尽的职责。另外，新教教徒在劳动就是天职的理念下，培养了“殚精竭虑，持之不懈，有条不紊地劳动”[②]的工作态度。在此意义上，“天职观”为资本主义精神的形成提供了动力基础，鉴于此，韦伯提出新教提倡把世俗劳动看作“天职”是资本主义兴起的原因，“天职观”又构成资本主义的文化根基，并成功地指导人们的世俗经济活动，形成塑造资本主义精神的动力。

第二，“预定论”和“恩宠论”使理性行为规范化。“上帝不是为了人类而存在，相反，人类的存在完全是为了上帝。一切造物只有一种生存意义，即服务于上帝的意志和最高权威。”[③] 新教教义规定，上帝的地位是不可侵犯的、是至高无上的，上帝是无所不知、无所不能的，尘世的存在的目的就是人们为了上帝的荣耀去劳动，被上帝选中的教徒最大可能地服从上帝是其在尘世中唯一的任务，教徒要增添“上帝的荣耀”，获取上帝的恩宠。世俗劳动是神圣的，

① 马克斯·韦伯．新教伦理与资本主义精神［M］．于晓，陈维刚，等译．西安：陕西师范大学出版社，2006：36.

② 马克斯·韦伯．新教伦理与资本主义精神［M］．于晓，陈维刚，等译．西安：陕西师范大学出版社，2006：99.

③ 马克斯·韦伯．新教伦理与资本主义精神［M］．于晓，陈维刚，等译．西安：陕西师范大学出版社，2006：50，51.

是“天职”，尘世中的一切都是为了上帝的荣耀。教徒努力劳动并获得成功，目的就是为了荣耀上帝，这是确证上帝恩典的依据。天职能获得成功就是上帝的“选民”，天职不能获得成功就是上帝的“弃民”。而且，“上帝的神意已经毫无例外地替每个人安排了一个职业，人必须各事其业，辛勤劳作”①，“每一种正统的职业在上帝那里都具有完全同等的价值”②，上帝为每个人安排了各种各样的天职来满足社会的需要，履行好由上帝安排给自己的天职是教徒的责任与义务。一个人勤奋、有效地利用其所被赐予的资源和才能都是在履行天职，而且，从事各种不同职业的人都是平等的，只要他尽职尽责、公正公平，都体现上帝意志，人们虽从事不同的工作，但其意义都是一样的，都具有荣耀上帝的价值。此外，韦伯指出在清教徒看来，世俗的全部生活现象都是上帝设定的，如果上帝赐予某个选民获利的机会，那么他一定是怀着某种目的的，因此，虔诚的基督徒应服从上帝的安排，尽力利用上帝赐予的机会。如果上帝给你指明了道路，沿着这条道路你可以谋得更多的利益又不会损害自己或他人的灵魂，这是合法的，如果你拒绝沿着上帝指定的道路，而选择其他的获利途径，你将背离从事职业的目的，这表明你拒绝做上帝的仆人，拒绝上帝的馈赠③。由于人们在尘世的劳动就是为了体现上帝的恩宠，获取财富是合法的，是履行上帝赋予的职责，是增加上帝的荣耀，因此，勤奋工作是一种美德。正如韦伯所说：

---

① 马克斯·韦伯．新教伦理与资本主义精神［M］．于晓，陈维刚，等译．西安：陕西师范大学出版社，2006：91.

② 马克斯·韦伯．新教伦理与资本主义精神［M］．于晓，陈维刚，等译．西安：陕西师范大学出版社，2006：34.

③ 马克斯·韦伯．新教伦理与资本主义精神［M］．于晓，陈维刚，等译．西安：陕西师范大学出版社，2006：93.

“我因上帝的恩宠而尽善尽美”的情感深深渗入清教中产阶级的人生态度中，这种情感对“资本主义英雄时代那种严肃刻板、坚韧耐劳、严于律己的典型人格之形成”[①]起着相当大的作用。可以说，“预定论”和“恩宠论”孕育了资产阶级的平等、协作、勤勉、诚信、恪尽职守、努力工作等信念，这些信念使资产阶级追逐财富的行为合法化、规范化，并形成了资本主义特有的伦理精神。

第三，“禁欲主义”设立日常经济活动的准则，促使资本积累，为近代合理资本主义的发展奠定物质基础。“人们使自己服从于自己的财产，就像一个顺从的管家，或者说就像一部获利的机器。这种对财产的责任感给人们的生活带来了令人心寒的重负。如果这种禁欲主义的生活态度经得起考验，那么财产越多，为了上帝的荣耀保住这笔财产并竭尽全力增加之的这种责任感就越是沉重。”[②]新教禁欲主义将获取财产、增加财产看作是增添上帝荣耀的方式，对财产有着强烈的责任感，这种责任感促使人们尽其所能去获利，又能抵制住财富的强大诱惑力。同时，新教禁欲主义坚决反对各种外在的奢侈品上的非理性的财产使用，倡导对财产理性的和功利主义的使用，要求人们出于需求和实际的目的使用财产。韦伯认为，新教的禁欲主义使获利冲动合法化，并将谋利行为视为“上帝的直接意愿”；他提出“这场拒斥肉体诱惑，反对依赖身外之物的运动”不是“一场反对合理的获取财富的斗争”，而是“一场反对非理性的

① 马克斯·韦伯．新教伦理与资本主义精神［M］．于晓，陈维刚，等译．西安：陕西师范大学出版社，2006：95.

② 马克斯·韦伯．新教伦理与资本主义精神［M］．于晓，陈维刚，等译．西安：陕西师范大学出版社，2006：98.

使用财产的斗争”①。新教禁欲主义的出现带来明显的实际效果，其倡导节俭导致资本积累。对财富消费的多方限制使资本用于生产性投资成为可能，财富自然就得到了增加②。在金钱谋取的活动自由和金钱消费的种种限制两方面的共同作用下，资本很快就积累起来，从而使资本用于生产性投资成为可能，为近代资本主义的发展奠定基础。

“宗教力量是否和在什么程度上影响了资本主义精神的质的形成及其在全世界的量的传播。更进一步地说，我们的资本主义文化究竟在哪些具体方面可以从宗教力量中找到解释。”③ 带着这样的问题，韦伯以其独特的视角展开的比较研究表明，新教伦理所持有的“天职观”内含的理性行为催生出勤劳、恪尽职守、坚持不懈的资本主义精神，为资本主义的发展奠定基础。新教的“预定论”和“恩宠论”更是使资本主义的理性行为规范化，培育出平等、协作、勤勉、诚信、恪尽职守、努力工作的资本主义精神。新教的“禁欲主义”使获利行为合法化，在新教“禁欲主义”对财富的高度责任感的驱使下，教徒都“尽其所能获得他们所能获得的一切，节省下他们所能节省的一切……”社会财富不断增加，为资本主义的发展奠定物质基础。在新教伦理与资本主义之间的关系问题的追寻中，韦伯向我们阐述了西方资本主义的起源，即宗教改革中诞生新教伦理，新教伦理催化近代资本主义精神，资本主义精神孕育近代资本

---

① 马克斯·韦伯：新教伦理与资本主义精神［M］. 于晓，陈维刚，等译，西安：陕西师范大学出版社，2006：98－99.

② 马克斯·韦伯：新教伦理与资本主义精神［M］. 于晓，陈维刚，等译，西安：陕西师范大学出版社，2006：99.

③ 马克斯·韦伯. 新教伦理与资本主义精神［M］. 于晓，陈维刚，等译. 西安：陕西师范大学出版社，2006：41.

主义。宗教改革引起传统基督教伦理向新教伦理的转变，将传统主义意义上的宗教观念变成改造世俗的力量。新教伦理直接催化了资本主义精神的产生，为资本主义精神的形成和发展提供了思想资源和强大动力，近代资本主义精神推动资本主义的产生和发展，造就欧洲近代理性资本主义文明①。因此，新教伦理是近代资本主义产生并发展的内推动力。

（二）“韦伯命题”对经济发展与伦理关系的启示

正如韦伯所写到的：“即力求从一个重要之点出发探求这个问题的一个侧面。在那里，我们所处理的是近代经济生活的精神与惩忿禁欲的新教之理性伦理观念之间的关系问题。”② 韦伯尝试性地探究新教的禁欲主义是否对其他因素产生过影响以及是如何影响的，其对于宗教与资本主义兴起的关系这一复杂的历史命题虽然没有给出明确的答案，但其从宗教伦理的角度出发，关注和分析精神文化与经济生活的关系无疑引发了人们研究视角的改变，有助于我们重新审视伦理与经济发展之间的关系。因为资本主义不仅是作为一种制度而存在的，从经济文化史角度来说，它也是一种经济活动和发展方式，而新教伦理则显然是一种伦理形态，由此我们就可以从不严格的意义上，把新教伦理与资本主义的关系提升或者置换为一般意义上的伦理与经济发展的关系。正是在此意义上，韦伯所提出的虽然没有答案的命题，无疑为我们研究和探索当前经济发展的伦理动力提供了重要的方法论启示。

第一，韦伯命题启示人们要转变单一经济分析方法研究社会经

---

① 阳芳．韦伯命题的合理性与中国企业伦理的建构［J］．伦理学研究，2007（5）：5．

② 马克斯·韦伯．新教伦理与资本主义精神·导论［M］．于晓，陈维刚，等译．西安：陕西师范大学出版社，2006：11．

济发展的思维定势。经济学主要创立者之一的亚当·斯密提出“经济人”假设，该假设奠定了西方经济学的基础。在其理论体系中，理性经济人对自身利益的追求成为社会发展的推动力，人的自利推动社会进步。斯密的学说在被广泛应用的同时也受到种种严厉的批判，如李斯特评介斯密的《国富论》：是“使最冷酷的自私自利成为一种法则”，是“以店老板的观点来考虑一切问题”的学说，是一种“将国家与政权一笔抹杀，将个人利己性格抬高到一切效力的创造者的论调”[①]。奠基于经济人假设的主流经济学分析，习惯于对个人理性作出单一化的判断，而忽视个人有社会需求的一面。法国古典政治经济学家西斯蒙第，曾经明确地提出，政治经济学必须注重人的道德情感[②]。韦伯阐释和梳理的新教伦理与资本主义精神之间的关系则为我们提供了一条新的分析思路。韦伯提出资本主义精神是资本主义兴起并发展的根基，而资本主义精神源自新教伦理“禁欲主义”“天职观”“恩宠论”“预定论”所塑造的一批人对待生活和工作的态度，这些人的勤勉、坚持不懈等使得他们富裕起来，逐渐形成社会的中产阶级，从而打破了旧社会秩序，推动社会进步。

第二，韦伯命题启示人们要重视伦理对经济发展的内推动力。在《新教伦理与资本主义精神》一书中，韦伯表现出一种倾向性，那就是寻找支撑资本主义起源的精神体系，并期望在资本主义发展遭遇困境的时候这种精神体系仍能够发挥作用。“韦伯命题”向我们诠释了新教伦理与近代资本主义之间的内在逻辑，可以说西方资

---

① 李斯特. 政治经济学的国民体系［M］. 陈万煦，译. 上海：商务印书馆，1979：292.

② 西斯蒙第. 政治经济学新原理［M］. 何钦，译. 上海：商务印书馆，1977：461.

本主义的产生源于新教伦理，在韦伯看来正是新教伦理为资本主义提供了一种文化资源，是新教的伦理精神推动资本主义的兴起和发展。简而言之，韦伯向我们呈现出新教伦理如何孕育出资本主义精神，新教的伦理如何推动资本主义的兴起和发展。韦伯对新教伦理与近代资本主义精神之间关系的论证引起了人们对伦理因素在经济发展中作用的重视，引发了人们对伦理与经济发展间关系的思考和探讨。

第三，韦伯命题启示人们要以一定的“价值追求”为核心建构符合时代需求的经济组织方式。韦伯在《新教伦理与资本主义精神》一书中对传统基督教伦理到新教伦理的转变做出了考察，不难看到，基督教经历了由传统基督教到新教之间的转型，其价值追求由远离俗世的活动转变为肯定世俗活动的价值并鼓励人们合理谋利。宗教改革后的新教伦理以“天职观”催生出节俭、勤劳、诚信、合理牟利、珍惜时间等资本主义精神，从而促进资本主义的发展。然而，韦伯讨论宗教影响的意义并非是为了维护宗教在人们心中的形象和地位，而是他认识到宗教信仰是“过去任何时代和任何地方构成人类生活态度的最重要因素”，人类相互交往中的伦理和义务观都和宗教的力量密切相关，对这种力量的消长变化，以及它在特定历史时空下所扮演的角色进行解释正是社会科学家的任务之一①。新教伦理在近代资本主义的兴起和发展中扮演了重要的角色，其价值追求构成资本家和一般劳动者的生活态度。正是“基督教的

① 顾忠华．韦伯《新教伦理与资本主义精神》导读［M］．桂林：广西师范大学出版社，2005：115，116.

新教为资本主义提供了道德基础”①。韦伯对宗教与资本主义发展之间关系的思考蕴含着如何认识宗教伦理与现代化的关系这样一个更为深刻的历史命题。“韦伯命题”无疑为后人研究现代化尤其是探索经济发展理论与发展方式产生了重要的影响，它给世人在如何评估伦理与经济发展的关系，如何从伦理观念中吸纳有利于经济发展和社会发展的合理因素，如何构建符合时代需求的经济组织方式有着重要的启迪意义。

二、新常态下伦理道德的角色

2017 年 10 月 18 日习近平总书记在中国共产党第十九次全国代表大会报告中，对党的十八大以来的五年党和国家的发展做出总结，他说：“面对世界经济复苏乏力、局部冲突和动荡频发、全球性问题加剧的外部环境，面对我国经济发展进入新常态等一系列深刻变化，我们坚持稳中求进工作总基调，迎难而上，开拓进取，取得了改革开放和社会主义现代化建设的历史性成就。”② 习近平总书记明确提出，当前我国经济发展已经进入新常态。过去的 5 年中，党和国家坚定不移地贯彻新发展理念，积极转变发展方式，经济发展的质量和效益不断提升，经济增长速度保持中高速水平、在供给侧结构性改革的推动下经济结构不断优化、创新驱动发展得到实施、开放型经济体制逐步健全。毫无疑问，根据韦伯的观点，任何一种经济体

---

① 谢·卡拉·穆尔扎．论意识操纵（上）［M］．北京：社会科学文献出版社，2004：92.

② 习近平．决胜全面建成小康社会夺取新时代中国特色社会主义伟大胜利——在中国共产党第十九次全国代表大会上的报告［M］．北京：人民出版社，2017：2.

制或经济组织方式都蕴含着某种伦理动力或文化动力，新常态虽然不是一种类似于计划经济或市场经济的经济体制，而只是一种发展状态或阶段，而且这种发展状态或阶段也还是处于社会主义市场经济体制之中，但其背后也仍然蕴含着相应的伦理理念或精神。这就出现两个问题：一是在这种新常态下，伦理道德[①]对经济发展到底处于何种地位，起着什么样的作用？二是新常态下到底蕴含着什么样的伦理理念。

先讨论第一个问题。根据马克思主义伦理学关于道德本质的观点："道德是一种反映社会经济关系的特殊的社会意识，是社会利益关系的特殊调节方式，同时也是一种实践精神。"[②] 这种对道德本质的解释深刻地揭示了社会经济关系和经济发展与伦理道德之间的关系：一方面，经济发展决定伦理道德；另一方面，道德作为一种实践精神，又反作用于社会的经济基础和经济发展。而这样一种关系也清晰地表明了伦理道德的地位和作用。

马克思主义认为，任何道德的产生、发展和变化，都根源于社会经济关系和经济发展状况，道德是社会经济关系和经济发展的观念化反映。社会经济关系对道德的这种决定性作用，主要表现在以下几个方面。

第一，社会经济关系的性质和内容决定道德的基本原则和规范。道德的基本原则和规范是人们在社会中处理相互之间及个人与社会之间的利益问题即经济关系时逐渐形成的，可以说，有什么样的经

① 在伦理学中，在严格意义上，伦理和道德并不是同一概念，而是有着明显的区别。但也可以在不对两者作严格区分的意义上使用。为行文方便，本书在同一意义上使用。

② 《伦理学》编写组．伦理学［M］．北京：高等教育出版社，人民出版社，2014：117.

济关系就有什么样的社会道德，社会道德由社会经济关系所决定，经济关系的性质决定道德的性质，社会道德的基本原则、规范都是社会经济关系内容的反映。不一样的社会经济关系必定产生不一样的社会道德，社会经济关系以生产资料所有制为核心，公有制的经济关系产生统一的社会利益，在公共伦理信念下，其道德原则和规范是群体主义或集体主义，而在私有制的经济关系中，人们在利益面前是对立的，社会的道德原则和规范是对抗的。中国特色社会主义的基本经济制度是公有制为主体、多种所有制经济共存，对社会整体利益的追求和个人利益的追寻在这样的经济制度下相统一，这一经济制度决定了集体主义的道德原则及以其为根本要求的道德规范。

第二，经济关系的变化引起道德的变化。经济关系是在一定的生产方式的基础上产生的生产、交换、分配、消费等多种关系，当社会的生产方式发生变化时，社会的经济关系也会做出调整和改革，也就是说，经济关系不是固定不变的，它随着生产方式的变革而变化。生产方式是人们对社会生活所必需的物质资料的谋取方式，是人们在生产过程中逐步形成的人与自然界之间和人与人之间的相互关系的体系。生产力是生产方式中最活跃最革命的因素，处于不断地进步和革新中，生产力的变化必将引起生产、交换、分配、消费等社会经济关系的变革，也将改变原有的经济关系中所形成的道德原则和规范，形成与之相适应的新道德。

当今中国经济发展进入新常态，虽然经济关系仍然是社会主义生产资料公有制占主体、多种经济成分共存，按劳分配占主体、多种分配方式共存，但是经济组织方式还是发生了变化，这种变化虽然不会对我国社会的基本道德原则产生根本性的改变，但对一些具体的道德规范和要求还是提出了新的内容。例如，新常态下我国要坚持创新、协调、绿色、开放、共享五大发展理念，就是以前没有的。而这五大发展理念同样也是伦理规范，也就是说，只有坚持五大理念的经济发展才是道德的、正当的，否则就是不道德的、不正当的。

必须明确的是，虽然伦理道德是由经济关系及其发展所决定的，但伦理道德也并不是完全被动的，一旦产生，它就具有相对独立性，尤其是对经济关系及其发展具有深层的反作用。根据历史唯物主义经济基础决定上层建筑、上层建筑反作用于经济基础的原理，作为社会意识的道德由社会的经济基础所决定，并反作用于社会的经济基础。道德对经济的反作用体现在，一方面确保并促进自己的经济基础的稳固和发展，另一方面排除对立物。当道德适合经济基础时，它就成为推动社会经济发展的力量，反之，当道德不适应当前的经济基础时，则成为阻碍社会经济发展的力量。在社会经济发展的过程中，道德与经济之间处于不断的矛盾运动之中，新经济关系形成后，旧道德会与之发生冲突，要求有一种新的道德，在新道德逐渐完善后必将取代旧道德。作为意识形态的道德，一经形成就具相对独立性，其独立性使它有脱离经济基础的倾向，这主要是因为经济基础的变化并不会立即在道德中得到反映，旧的道德仍然在维护或阻碍经济发展中起作用。“道德对经济发展具有反作用”这一命题，实际上就是韦伯所揭示的，任何一种经济发展都蕴含着与其相适应的伦理精神动力，具体说来，这种精神力量对经济发展具有如下价值和意义：

第一，为经济发展提供伦理辩护。任何一种经济发展要取得合理性、正当性，都需要一定的伦理价值为其提供辩护，得到这种伦理价值的肯定。市场经济之所以能获得今天这种全球化的发展状态，与其得到伦理上的辩护具有极为关键的关系。约翰·米德克罗夫特说："可以以伦理论据为基础对市场进行坚定的和令人信服的辩护……正是自由的、自我调控的市场的持续发展和延伸确保了一个具有牢固的道德基础的物质繁荣的社会。"① 那么，为其提供辩护的伦理论据是什么呢？在他看来，"赋予个体最大可能的自由度以决定个体自身的命运""只有通过客观的市场运作产生的收入和财富的分配才可以被视为正当的""能够进行自我调控和自我补充"②，这样三种就是市场的道德论据。正是这些伦理论据为其作了有力的伦理正当性辩护，使其获得了道德基础。

经济新常态作为一个经济发展阶段同样如此。经济新常态是社会主义市场经济发展过程中的一个阶段或时期，受制于社会主义经济制度，因此为社会主义市场经济作为伦理辩护的道德论据仍然为经济新常态提供伦理辩护。经济新常态以社会主义经济制度为前提，其资源配置、供给侧结构性改革，促进人的全面发展、全体人民共同富裕、满足人民美好生活需要、满足人民日益增长的优美生态环境需要，建设现代化经济体系的具体过程，无不需要社会主义伦理价值来为其提供理性辩护和论证，从而使其获得精神合理性。

第二，为经济发展提供伦理动力。为经济发展提供辩护的伦理论据同时也构成经济发展的伦理动力，从内在精神上推动其发展。

---

① 约翰·米德克罗夫特．市场的伦理［M］．王首贞，王巧贞，译．上海：复旦大学出版社，2012：6.

② 约翰·米德克罗夫特．市场的伦理［M］．王首贞，王巧贞，译．上海：复旦大学出版社，2012：8.

王小锡说："离开了对道德的把握，也就无法正确把握经济。……离开了……道德的有效作用，经济的发展将会失去必要的精神动力。"① 任何经济发展都建立在一种内在的人文力或文化力的基础之上，这是韦伯命题所揭示出的一个基本结论。人文力或文化力的主导构成即是伦理力或道德力。"道德力是指道德在经济社会发展过程中的特殊的作用力"②，对于经济发展来说，道德将会帮助经济主体合理制定经济行为的目标，理解责任并且实施正确的行动，将会帮助经济主体"懂得道德渗透于产品设计、制造和销售过程中的重要性及其机理，将会增强经济活动中的凝聚力和理性合作效益"③。也就是说，道德力不仅主导着经济主体产品和服务的要素和功能，使其产品和服务的具体提供过程打上道德的烙印而不至于悖德（如合伦理地用工、提供合德的产品和服务），也使其产品和服务在功能上符合道德要求，满足人性规律；道德力还以行为规范的形式规范、协调具体的经济发展过程，从而刺激并推动着经济发展。经济新常态作为一个经济发展阶段同样具有产品和服务的具体提供过程，经济主体的形塑过程，经济主体与经济主体关系的规约和调适过程等，在这些过程中，伦理道德作为一种精神力量，同样发挥着不可或缺的动力性作用和价值。

第三，为经济发展提供价值定向。伦理道德作为一种精神力量，不仅可以为经济发展提供动力，而且还可以为经济发展提供价值定向，从而在正确的轨道上行进。伦理道德既表现为一种价值规范，

---

① 王小锡．经济伦理学——经济与道德关系之哲学分析［M］．北京：人民出版社，2015：115.

②③ 王小锡．经济伦理学——经济与道德关系之哲学分析［M］．北京：人民出版社，2015：129.

也表现为一定价值目标；作为价值规范，它可以约束经济行为，作为价值目标，它可以引导和指示经济发展方向。任何经济发展都有自己的价值目标，价值目标揭示经济发展到底是为了什么、为了谁而发展，比如是富国裕民，还是为少数人积累财富；是改善民生，还是为了小集团生活水准提高；等等。价值目标正确，经济发展方向一定正确。比如“老干妈”是公司创始人陶华碧女士白手起家创造的品牌，通过20余年的苦心经营，现在已经成为海内外华人中脍炙人口的辣椒调味品品牌。至今，老干妈公司已拥有分布在贵州省内的三个生产厂区，总面积达50公顷，员工近5 000人。每一天，老干妈人都为超过200万以上的消费者提供多种美味、健康的产品①。之所以取得如此骄人业绩，关键原因在于，老干妈人把“热爱生活的人们对美味无止境的追求”作为努力工作的无穷动力，把“顾客持久满意并认可”当作奋斗目标。尤其难能可贵的是，老干妈人在陶华碧的带领下，立下了“创民族品牌　立千秋大业”的雄心壮志和远大理想，这一理想一直作为一种价值目标在指引着企业的经营和发展，并为社会作出卓越贡献。

三、经济发展新常态的伦理目标

人类社会的发展经历了由原始社会到奴隶社会、封建社会，再到资本主义社会、社会主义社会的历程，经济形态经历了从自然经济到市场经济再到发达的市场经济的历史发展进程。在自然经济状态中，人们没有独立的经济活动，经济活动与其他活动混同在一

① 资料来源：老干妈官网，http：//www. laoganma. com. cn/.

起，群体利益是人们活动的目标，由群体利益所决定，反映群体利益的整体主义道德成为自然经济的伦理目标。人类社会的经济形态进入市场经济时期后，经济行为从其他社会行为中分离开来并获得了独立性。在市场经济形态中，面对利益的冲突，人们之间相互对立，个人利益至上成为经济活动的主要目标，由个人利益所决定，反映个人利益的个人主义道德成为市场经济的伦理目标。随着社会经济的发展，人类社会在20世纪七八十年代进入了发达的市场经济时期，人们在高度认知到一味追求个人利益带来的严重后果后，开始了对社会共同利益的追寻，由共同利益所决定，共生共存共享主义道德成为发达市场经济的伦理目标。由此可见，每种经济形态都有其特有的伦理目标和价值追求。

经济形态有特定的伦理目标和价值追求，经济发展阶段也是如此，因此我国经济新常态也必定有相应的伦理目标为其提供辩护。2017年10月18日习近平总书记在党的十九大报告中肯定了我国经济发展进入新常态，提出当前的目标是“高举中国特色社会主义伟大旗帜，决胜全面建成小康社会”，实现小康社会是“新时代中国特色社会主义伟大胜利”的重要目标之一。“小康社会”是一个体现经济和社会全面协调发展的概念，具有丰富的理论内涵，2002年发布的党的十六大报告从经济、政治、文化和可持续发展四个方面提出了建设小康社会的具体目标，对小康社会的描绘是：一个经济发展、政治民主、文化繁荣、社会和谐、环境优美、生活殷实、人民安居乐业和综合国力强盛的经济、政治、文化全面协调发展的社会，是中华民族走向伟大复兴的社会发展阶段。可见，在新常态的时代背景下，全面建成小康社会的经济性目标中蕴含着丰富的伦理内容。

首先，效率增长方式、方法的转变是经济发展新常态的基本价值追求。我国经济发展进入新常态，经济建设取得了重大成就：经济保持中高速增长，在世界主要国家中名列前茅；经济结构不断优化，数字经济等新兴产业蓬勃发展；基础设施建设快速推进，农业现代化稳步推进，城镇化率年均提高 1.2 个百分点，区域发展协调性增强；创新驱动发展战略大力实施，创新型国家建设成果丰硕；开放型经济新体制逐步健全。经济发展新常态下的经济效率不再只是追求生产力的提高、生产成本的降低以及一味地实现利润的最大化，还具有伦理意义上的追求，经济增长速度的转变、经济结构的优化、经济驱动方式的转换意味着当前的经济活动追求产品质量和服务的优化、分配、消费的公平，社会成员生活福利的增加以及幸福程度的增长，经济发展新常态下的效率被赋予了更多更丰富的内涵。

其次，公正引导经济发展，更是经济发展新常态的道德价值目标。就经济发展来说，小康社会是一个经济概念，是制度化、秩序化和全球化的经济，然而，小康社会制度、秩序和全球化的内涵不是纯经济性的，其中还包含有政治、文化、共同价值观等内容，而且，其中政治、文化和共同价值观起着一种无形的指导作用。习近平总书记在党的十九大报告中提出："中国特色社会主义进入新时代，我国社会主要矛盾已经转化为人民日益增长的美好生活需要和不平衡不充分的发展之间的矛盾。"当前我国社会生产力水平总体上已经有了很大的上升，社会生产能力在很多方面位于世界前列，人民日益增长的物质文化需要同落后的社会生产之间的矛盾得以解决，在物质文化生活中，人们有了更高要求，在民主、法治、公平、正义、安全、环境等方面的要求日益增长，满足人民日益增长的美好生活需要的主要制约因素是日益凸显的发展不平衡不充分问题。发展不平衡不充分的问题深化就是社会公平正义问题，公平正义是党和国家进行制度安排、制度创新的重要依据，经济发展新常态紧抓住这一目标，通过经济的发展来促进社会的公平正义，正确把握经济发展与人民美好生活需要之间的关系，经济发展只是出发点，社会的公平正义、人民的美好生活才是落脚点。

最后，社会责任是经济发展新常态的重要道德价值追求。我国经济坚持以人民为中心的发展思想，其目标是不断促进人的全面发展、全体人民共同富裕，贯彻创新、协调、绿色、开放、共享的发展理念，建设现代化经济体系，实现更高质量、更有效率、更加公平、更可持续的发展。“质量”“效率”“公平”，尤其是“可持续”，其蕴含的核心伦理价值理念实质上就是社会责任。但此前多年我国所采用的经济发展方式是粗放型经济增长模式，主要依靠固定资产、劳动力等生产要素投入，该模式下的经济增长方式呈现出高耗能、高成本、低产出的特点，对资本和资源的过度依赖的增长方式是不可持续的。不可持续即为只注重眼前利益、局部利益，缺乏长远利益和未来责任观念。当前经济发展进入新常态的一个典型特征是经济组织方式的转变，由依靠人力、资本和资源的粗放型经济增长方式向更多地依靠人力资本的质量和技术进步转变，创新、协调、绿色、开放、共享成为驱动经济增长的引擎。面对人口红利消失、资源匮乏，新的经济增长方式以人力资本的质量和技术进步为基础。此种依靠科技创新与人力资本的集约型经济增长方式才具有高度的可持续性、利益长远性和对人民整体利益的责任性。

总而言之，我国经济发展新常态具有明确的伦理目标：经济发展必须在社会主义制度的主导下，以效率、公正、社会责任为价值追求，更好地服务于社会、满足人民美好生活需要。效率、公正、社会责任是经济新常态的道德内涵和规定，也就是说，效率、公正、讲究社会责任的经济发展才是合乎道德的发展，而这种经济也就是道德经济，是我国经济发展新常态的价值标杆。

第四章

中国道德经济发展的经济主体

道德经济既是一种经济行为方式，也是一种经济发展的应然状态。但作为一种经济行为方式，道德经济不是独立存在的，也不是一种独立的经济形态，勿宁说，是人们从道德哲学角度对经济行为作出的一种性质上的判断和评价。道德经济的发展必须在一定的经济体制下，借助于一定的经济主体，并使这种经济主体在合乎道德的轨道上活动。人类社会的经济体制，从总体上说，迄今为止共出现过三种，即自然经济、计划经济、市场（商品）经济。这三种经济体制中，自然经济是一种道德经济，但这种经济形式毕竟是建立在生产力发展水平极其低下和对经济发展起阻碍作用的道德的基础上的，是经济与道德关系运行之历史轨迹的起始点；计划经济与道德是相隔离的，因此它不是道德经济；市场经济为道德经济提供了良好条件，因为道德经济同样要以效率为基本价值追求，而与其他经济体制相比，市场经济是一种具有最高效率优势的经济体制，但这种效率是因为肯定经济主体的“自由”“平等”“所有权”，肯定经济主体的自由自主才获得的，从而使其在与其他经济体制的竞争中崛起。因此，如果从经济与道德关系历史运行轨迹的角度来看，道德经济表现为一个肯定—否定—否定之否定的历史过程。市场经济下，经济主体以盈利为目的而从事生产经营活动，向社会提供商品或服务，这些经济主体就是市场中主要的经济组织即企业，所以，企业是最重要的市场主体。中国在经济新常态下发展道德经济，要在市场经济体制下，广大企业充分发挥承担道德责任的积极性，公有企业发挥公有潜能，释放道德示范性功能，同时在它们的带动下，广大民营企业释放创造性活力，在活跃的市场中充分体现自己的积极作用，从而为我国市场经济真正走向道德经济创造条件。本章拟对中国发展道德经济要以市场经济为平台，以企业为主体的依据、意义和方法作出论述。

第一节　作为一种经济制度的市场

从制度角度来看，市场经济下的市场是作为一种经济制度而存在的。美国经济学家巴里·克拉克在界定市场时说："市场是一个交换系统，在这一系统中，个人对资源、产品的供给和需求的选择相互作用，决定着价格。"① 一般说来，人们大多认为，市场这种经济制度具有繁荣经济即提高效率、促进增长、维持稳定的能力。与其他经济运行机制相比，市场机制更有利于资源的有效配置。但一直以来，也有许多学者认为，市场机制也存在诸多缺陷与不足，即在经济的运行中，市场发挥作用有自发性、盲目性和滞后性。这两

① 巴里·克拉克．政治经济学——比较的视点［M］．王询，译．北京：经济科学出版社，2001：7.

种观点都有同样不可否认的事实作为支撑。因此，要全面地认识市场和市场经济，准确把握其本质特征，有必要追溯其兴起及发展的历程。市场经济是当代经济学的主要研究对象，与其他事物一般，市场经济有其萌芽期、兴起期和发展期，对西方市场经济的成长和发展历程的回顾，将有助于我们更好地讨论道德经济。

一、市场经济的发展历程与典型模式

西方市场经济大致历经了三种模式，即由完全国家干预市场经济模式发展到自由市场经济模式再发展到现代国家干预市场经济模式。第一种完全国家干预市场经济模式，自16世纪到18世纪中期，大致经历了两个半世纪；第二种自由竞争市场经济模式，由18世纪下半期到20世纪初期，历经一个半世纪；第三种现代国家干预市场经济模式，始于20世纪30年代，至今还处于不断完善之中。值得关注的是，不同市场经济模式的背后有其不同的政治思想基础、经济主张、社会背景和文化依据，每一种市场经济都具有其不同的特征。

（一）完全国家干预市场经济模式的产生、发展的历史条件及其特征

完全国家干预市场经济模式发端于15世纪末期，盛行在16～17世纪，到18世纪下半叶逐渐消亡，被新的市场经济模式所取代。15世纪末期，随着商品货币关系的发展，封建制度下的生产关系逐渐被瓦解，逐步被新的资本主义生产关系所取代，在商品经济的发展中，统一的国内市场渐渐形成。15世纪末16世纪初的地理大发现和新航线的发现，促进了世界市场的形成，为了增加商品交换，

从海外攫取财富，新兴资本主义国家大力开拓海外市场、发展对外贸易。同时，西欧封建集权制民族国家的出现和形成，也为国家干预市场经济的产生奠定了基础。新的国王和君主为实现国家统一、对外扩张、聚敛财富需要货币，新兴资本主义企业为积累尽可能多的财富，要求国家进行保护和干预。在国家需要商业资本的经济支持，商业资本需要新兴国家的保护和干预的互利关系中，资本完成了原始积累，为资本主义生产方式的形成准备了条件。16 世纪下半叶到 17 世纪中叶，重商主义主张国家积极干预经济生活，在国家的大力支持和贸易保护政策下，商业资本高度发展，国外市场不断扩张，工场手工业得到大力发展，信贷比较发达。

在资本主义原始积累时期，西欧封建集权制民族国家对经济活动的干预活动为货币财富的累积，国内市场的开拓与工业的发展提供了强有力的制度保障。在新兴资产阶级对积累货币资本的强烈欲求中，封建社会晚期国家用来促进资本积累和资本主义生产方式而实施的经济政策下，完全国家干预市场经济模式得以发展并发挥作用，其特点表现为以下几点：

第一，国家在经济活动中具有无限大的权力。完全国家干预市场经济模式强调国家干预在经济发展中的作用，典型的例子是让·巴蒂斯特·柯尔贝尔（Jean Baptiste Colbert）担任财政大臣时的法国。在其任财政大臣的 20 多年中，柯尔贝尔制定并实施了一套完整的经济政策，在该政策中，国家控制所有的经济活动，如生产什么物品、怎样生产物品，即采用什么样的方式生产等，一旦出现违反国家规定的生产活动，工厂会遭受机器被拆除、产品被销毁、拥有者被示众等，国家对经济的干预程度达到了前所未有的高度。因为国家干预经济活动被看作是保障财富增长的手段，是国家强大的可靠保证，所以国家的任何经济活动都必须服从于国家的制度和经济政策从而促进国家的富强。

第二，对外贸易是财富增值的源泉。完全国家干预市场经济模式下，市场交换被看作是财富增值的源泉，而国内贸易只是从一部分人手中转到另一部分人手中，这种贸易没能带来利润的增加和增加货币总量。扩大对外贸易被看作是让资本增值，使国家富裕的有效途径，因为当货物的输出高于输入时，金银流入国内。就此，对外贸易顺差是一国富裕的手段。

第三，民贫国富观。完全国家干预市场经济模式倡导国王和商业资产阶级拥有货币财富，反对下层劳动人民拥有财富。下层民众拥有财富被认为是有害于国家财富的增长，只有劳动人民处于贫穷状态才能让国内的消费保持最低水平，压低工资才能降低产品的成本，增强本国产品在国际市场中的竞争力。

完全国家干预市场经济模式下，国家全面干预经济活动，大力发展对外贸易市场，同时在国家富有，下层劳动人民贫穷的理念下，资本主义生产方式得以形成并发展。在完全国家干预市场经济模式得到空前发展后，经济主体的利益动机泯灭并成为该模式的致命弱点。自由市场经济模式对理性经济人的宣扬符合新兴资产阶级开拓国际市场，扩张生产方式的内在要求，它必然取代完全国家干预市场经济模式①。

（二）自由竞争市场经济模式的产生、发展的历史条件及其特征

自由竞争市场经济模式，指的是在完全竞争条件下，社会的全

① 孔丹凤．西方市场经济模式演进的现实思考［J］．山东大学学报（哲社版），1998（2）：107.

部经济活动，如生产、交换、分配和消费等，只受市场供给和需求的自发调节和支配。18 世纪中叶到 20 世纪 30 年代，是自由市场经济模式完善和发展的时期。17 世纪下半叶，英国工商业的迅猛发展带来了人们对粮食和原料的急切需求，促使农业向资本主义经营方向转变，从而为资本主义工厂手工业的发展奠定了基础。这一时期，个人主义世界观也逐步形成并得到广泛的认可，强调君主的国家观被颠覆，个人是社会的主体得到广泛认同。由此，社会和国家是为个人服务的。在这样的背景下，自由竞争市场经济模式兴起，并被认可为实现资源配置的最佳方式，展现出其不同于完全国家干预市场经济模式的鲜明特点。

第一，强调市场供求关系调节并保证生产的合理性。自由竞争市场经济论者提出并论证了，在完全竞争的市场中，供求双方的竞争行为必会达到均衡，表现为一个均衡的价格，在均衡价格的指导下，不同产品的相对生产数量和不同生产要素及资源在生产中得到最佳配置和最有效的利用，进而带来社会生产效益的最大化。

第二，反对国家或政府对经济领域的过多干预。自由竞争市场经济论者，批评政府对经济生活的管制和干预，鼓吹市场对供给和需求具有自发调节和支配的能力，国家在经济领域中的作用仅仅在于，从法律上保障市场的存在和其作用的发挥。自由市场论者认为，国家不应对经济实施计划和调控，生产决策要顺应市场，只受市场供给和需求关系的调节，坚决反对国家过多干预经济生活，法国经济学家让·巴蒂斯特·萨伊更是认为：“干涉本身就是坏事……一个仁慈的政府应该尽量减少干涉。”①

---

① 萨伊．政治经济学概论［M］．陈福生，陈振骅，译．北京：商务印书馆，1963：199.

第三，坚持按生产要素进行的分配能保证公平。自由竞争市场经济的支持者主张该模式能保证公平，他们对此的解释有两点：一是商品的价值或价格是由包括劳动和资本在内的各生产要素决定的，每种要素都有权利从中取得相应的报酬；二是由于商品的价值或价格是各要素共同作用的结果，报酬的标准只能是生产要素各自的边际生产力，即在一定条件下各生产要素的增量生产率。如此，自由市场经济模式中分配的标准具有统一性，同各要素的贡献相关，这样的分配是合理的，能保证公平。

自由竞争市场经济模式在国家对经济不干预或少干预主张下兴起并发展，自由放任是其前提。在该模式中，国家和政府对经济的干预受到理论和实践领域的严厉批判，市场机制的调节作用得到了较为充分的发挥。大工业发展初期，古典和新古典派经济学家鼓吹经济自由主义政策，在中等规模和小规模资本在投资中占据主导地位、银行业尚不发达的情况下，对市场的追捧带来市场机制的充分、全面发育，充分发育的市场机制通过自身调节作用，促进经济的繁荣与稳定。但随着工业革命的展开，生产规模和市场规模继续扩大，当经济发展到垄断资本取代中等规模和小规模资本，在投资中占据主导地位，金融资本弥漫到经济生活的每一个角落时，市场对资源配置的作用以商品价格的较大波动表现出来，从而导致商品的供给与需求失去平衡逐渐成为常态，生产相对过剩的经济危机周期性爆发，自由竞争市场经济模式就不能再实现经济繁荣的目标，它自然而然地让位于现代国家干预经济模式。

（三）现代国家干预市场经济模式的产生、发展的历史条件及其特征

1929～1933 年的资本主义经济危机暴露出自由市场经济模式的

不足。自由竞争的市场机制在带来生产力高速发展的同时伴随的是周期性的经济波动，大量失业、资本产品的大量过剩和整个经济生活的大倒退引起社会动荡，被自由市场经济论者所鼓吹的“市场万能”说不攻而破。面对危机，西方主要资本主义国家寻求解决之道，此时，经济学家凯恩斯（J. M. Keynes）提出的就业不足均衡理论为当时束手无策的资本主义世界指出了一条摆脱困境的出路。

以维护资本主义制度为前提，凯恩斯对传统经济学进行了改造，形成了新的经济学说——凯恩斯主义经济学，其撰写的《就业、利息和货币通论》引起西方经济学的轰动，掀起了一场经济学革命。传统经济学坚信，完全竞争的自由市场机制的调节可以实现充分就业，然而，20 世纪 30 年代爆发的经济危机打破了通过市场就可达到就业均衡的学说。凯恩斯认为，在自由竞争条件下，充分就业均衡是特例，非充分就业均衡才是一般情况，能否达到充分就业，取决于总供给等于总需求时的社会总需求即有效需求的大小，有效需求是决定社会总就业量的主要因素，在通常情况下，社会总需求是不足的，这是资本主义社会出现大量失业的原因。凯恩斯认为，有效需求不足又是由三个心理规律的作用造成的：边际消费倾向递减规律、资本边际效率递减规律、流动偏好。市场机制不能解决由这三个心理规律所引起的有效需求不足问题。由此，他认为要解决问题仅以市场机制进行调节是不够的，还需依靠政府的干预来增加社会投资、提升消费倾向，从而扩大社会总需求。凯恩斯反对自由放任的市场经济，提倡政府实行经济干预政策来提高社会有效需求以实现充分就业。这样，凯恩斯以就业不足均衡理论结束了自由竞争市场经济模式的神话，开启了国家干预经济生活的新时代。

随着西方经济学关于市场经济理论的发展，新型的适应新时代特征的市场经济模式产生，其典型特征是垄断与竞争并存。垄断出现在经济生活中，使得原有的自由竞争的市场变为垄断与竞争同时存在，在垄断与竞争的力量对比中，垄断对经济的支配力量甚至会超过市场。在这样的情况下，原有的市场运行机制发生变化，自由竞争的市场经济模式转变为现代国家干预市场经济模式，该模式的特征是：

第一，重视市场机制的作用。市场制度的形成在于市场为参与经济活动的各方提供自由的竞争环境，在共同认可的规则基础上进行合作，并使经济活动的参与者能获得相应的利益。成熟和完善的市场经济机制具有相对规范的经济合作秩序以及相对合理的价格体系，从而实现劳动产品的自由交换、比较充分的自由竞争、经济资源的自由流动等，现代国家干预市场经济模式强调市场作用的发挥。

第二，发挥国家的宏观调控作用。在市场化经济运行中，社会的总供给由市场决定，而社会总需求不受市场的调节，总供给和总需求单倚靠市场的自动调节无法达到均衡。供给不能自动推动等量需求，因此，经济的健康运行需要国家采用相应的干预政策，那就是发挥其宏观调控作用，目标是协调社会总需求与潜在的社会供给能力，保持二者协调增长。

现代国家干预市场经济模式中，国家在经济中的宏观调控作用是医治自由竞争市场某些缺陷的方略。西方市场经济模式的演进，很大程度上是市场不断试错的过程，完全国家干预市场经济模式和自由竞争市场经济模式发展到极致时被取代具有必然性，前者政府太强、市场太弱，后者市场太强、政府太弱，市场与政府作用的发挥处于此消彼长的对立中，两者作用力的严重失衡导致众多问题的出现。

西方市场经济模式演变的历程也表明，经济的良性发展需要市场、政府各方力量共同发挥作用。还有一点可以明确的是，每个市场经济模式的出现都是在具体的经济社会条件下的，只有在模式适应当时经济社会发展条件时，市场的有效性才能得到充分发挥。

二、市场决定性作用：市场经济的内在本质

市场经济是生产社会化和商品经济高度发展的产物，同自然界的其他物质运动形式一样，市场随着外界条件的变化而变化，在市场产生和不断发展的过程中，其作用的发挥也处在不断被修正的过程中。从西方市场经济的发展历程可以看到，随着生产力的进步和交换方式的变化，市场的力量逐渐得到释放，市场经济行为一步步走向规范，市场在资源配置中的作用越来越重要。正如美国学者约翰·麦克米兰（John McMillan）所说的："然而，设计市场的方法不止一种。市场设计的正确与否因时而异、因地而异。任何市场都是不完美的，它需要不时地重新设计。"① 市场处于被不断地重新设计之中，众多国家也根据所面临的国际、国内经济社会环境，不断地调整相关制度安排。下面我们以当今最为典型的几个市场经济国家的市场经济发展特征来对此予以说明。

首先，美国的自由市场经济模式的特点。美国在 20 世纪 30 年

① 约翰·麦克米兰. 重新发现市场［M］. 余江，译. 北京：中信出版社，2014：49.

代大萧条后最终确立市场经济体制，90 年代后美国经济呈现出强劲的发展势头，并一跃成为世界经济的霸主，是现代市场经济国家的典型。其自由市场经济模式具有以下显著特点：一是经济主体必须根据市场价格信号的变动独立地做出“生产什么、生产多少、如何生产以及如何定价与销售”的经营决策，同时承担通过产品成本差异和质量竞争而最终获得的收益和损失，并通过市场的淘汰机制和生产要素的自由流动，实现资源在不同行业和部门之间的有效配置。二是资源配置以市场力量为主导，基本上依靠市场机制来实现。三是政府运用财政和金融杠杆为主要手段，对经济活动进行宏观调控。四是以健全的法律制度来保障市场的正常经营秩序①。

由此可以看到，美国市场经济体制是大市场和小政府的结合，市场力量支配国家权利，市场主导资源配置，政府重在依靠法律维护市场秩序，保证经济的良好运行和发展，尽量少干预市场。

其次，英国的开放型市场经济模式的特点。二战结束后，为了发展经济，英国政府实施了一整套与众不同的市场经济政策，其突出特点有：一是国家的大部分财政大权由中央政府直接管理；二是中央政府实施严厉的金融调控措施。政府有明确的宏观经济政策和微观经济政策目标，其中，降低通货膨胀率作为促进经济持续稳定增长的基础是政府的宏观经济政策目标；政府的微观经济政策目标则是改善市场的运转，鼓励公司、企业通过私有化、放宽限制和税收改革等多种措施，提高其经营效率、灵活性以及在国内外市场上的竞争力。为实现这些目标，英国政府采用了一系列宏观调控措施，这些措施主要有：一是提高银行利率，紧缩银根，降低货币供应量增

① 项卫星．美国市场经济体制模式初探［J］．世界经济，1996（8）：18－21.

长率，以抑制通货膨胀和克服经济发展中的障碍；二是减少国家对经济的干预，严格控制政府机构、国有化公司、企业和公营部门的借款；三是强调发挥市场经济的作用，鼓励私人资本的发展①。

由此可见，英国市场经济模式是政府通过颁布法律条文和加强执法程度来确保市场的自由竞争，采取种种措施以保证市场作用的发挥，为市场保驾护航。

最后，德国的社会市场经济模式的特点。德国自实行社会市场经济模式以来，经济获得了重大发展，繁荣的社会经济又带动了整个社会的全面发展。正如该模式的创始人之一阿尔马克所说："社会市场经济是按市场经济规律办事。但辅之以经济保障的经济制度，它的意义是将自由的原则同社会公平结合在一起。"② 社会市场经济理论实践的中心环节是"竞争"，为了该模式的有效运转，政府采取多项政策和措施推进和保护自由竞争，维护竞争秩序，充分发挥市场机制的作用。例如，建立完备的法律体系，维护正常的市场经济秩序；运用经济手段鼓励竞争，扶持中小企业发展。同时，政府采取各种符合市场规律的手段间接调控经济活动，实现其预期的经济目标。如此，政府不直接参与经济活动，但形成了一套完整的政府宏观经济政策体系，如财政政策、货币政策、对外贸易政策、环境保护政策等，并通过这一系列经济政策手段的运用，保护竞争，实现公平，促进经济的良性发展③。

由此可见，在社会市场经济中，生产什么、生产多少、消费什

---

① 郭枫．英国和瑞典的市场经济模式［J］．经济管理学报，1996（3）：50－51.

② 何梦笔．德国秩序政策理论与实践文集［M］．庞健，冯兴元，译．上海：上海人民出版社，2000：17.

③ 李光玉．德国社会市场经济模式研究［D］．济南：山东大学硕士学位论文，2009：19－25.

么、物价高低等由市场决定，国家采取社会市场经济模式允许使用的手段，保障正常的自由竞争秩序，保障社会市场经济体制的良好运行。德国模式中有两个紧密相关的领域，第一个是带来经济效率的市场，第二个是为社会提供保障、公正和促进社会进步的社会福利政策①。政府制定的所有社会保障、社会公正等措施，都不能妨碍市场机制作用的发展。如此，两者相互结合，国家干预是保证自由竞争的根本手段，自由竞争是国家干预的基础和目的。

无论是美国的自由市场经济模式、英国的开放型自由市场经济模式，还是德国的社会市场经济模式，在实践中都取得了良好的成绩。作为比较成熟的极具特色的市场经济模式，这三种模式反映了现代市场经济的几个基本特征，这些基本特征都围绕一个中心，那就是发挥“市场决定性作用”。

第一，具有完备、统一、开放的市场体系，实现了经济活动的市场化。包括商品市场和生产要素市场的有机整体业已形成，市场在经济中真正地起到了主导作用，在资源配置中充分发挥其决定性作用。

第二，保障经济主体的自由竞争。政府运用多项政策和措施推进和保护自由竞争，维护竞争秩序，充分发挥市场机制的作用，各经济主体以盈利为目标，自主经营、自负盈亏。

第三，保证市场机制的有效运行。政府宏观经济政策的目标是维护市场秩序，保证经济的良好运行和发展，保障市场自主决定资源配置的方向。市场和政府各自发展作用，两者作用有着清晰的界限，政府作用以不干预市场调节资源配置为前提，对市场产生的宏观结果进行调控，市场则依据其规则、市场价格、市场竞争配置资源，以实现

① 申庚林．市场经济的三种模式［N］．光明日报，1992－10－31．

资源配置的最大化效率，在资源的配置中起决定性作用。

三、自愿自发激励机制：市场经济的道德内涵

市场作为资源配置的手段，其优越性在于它的高效率，而其高效率的根本原因则在于，参与经济活动的每一个经济主体，都必须具备生产经营的自主权。所以，从根本性的意义上讲，市场的高效率是自由自主的结果，而自由自主则是市场高效率的原因。在市场经济中，参与经济活动的每一个经济主体拥有独立自主的决策权，可以根据市场价格做出生产什么、生产多少和怎样生产的决定。市场经济不受行政干预而是由这些自由自主的经济主体进行分散决策，经济主体具备市场活动的一切权利，真正能做到自主经营、自负盈亏、自我激励和自我发展。“可以说，经济自由是市场经济运行的基本前提，也是其发展的基本动力。”① 自由是市场经济形成的基本条件，自由也推动市场经济的发展，“正是由于自由意味着对直接控制个人努力之措施的否弃，一个自由的社会所能使用的知识才会远较最明智的统治者的心智所能想象者为多。”② 自由驱使下的经济主体的活动达到的效果超出了个人的意愿，最终的结果是实现了资源的优化配置。因为“让他采用自己的方法，追求自己的利益，以其劳动及资本和任何其他人或其他阶级相竞争”“自然会……把资本投在通常最有利于社会的用途。”③

① 龚天平．论经济自由［J］．华中科技大学学报（社会科学版），2014（3）：27.

② 弗里德利希·冯·哈耶克．自由秩序原理［M］．邓正来，译．北京：生活·读书·新知三联书店，1997：30.

③ 亚当·斯密．国民财富的性质和原因的研究（下卷）［M］．郭大力，王亚南，译．北京：商务印书馆，1974：253.

自由对于社会的经济发展来说，具有极其重要的意义：一方面，这表明每一个具备条件的社会成员都具有参与经济领域活动的权利，成为经济领域的主体，而且拥有经济行为的自由，可以自主选择投资经营的方式，以实现其经济目标或其他社会价值追求；另一方面，这也意味着每一个经济主体都可以自由地参与公平合理的市场竞争。拥有经济权利的经济主体能够按照自己的意志去自由地从事经济活动。这种自由赋予经济主体实现其价值目标的机会，从而充分调动经济主体的主观能动性，在市场“优胜劣汰”规则的激励下，经济主体会“审时度势”地做出决策，努力提高效率、积极创新、降低成本、提升自身竞争力，由此形成自愿自发的激励机制。自愿自发的激励机制在市场经济的运行中发挥着基础性作用，是市场经济运行的重要作用系统，也是市场经济所具有的道德内涵或伦理属性。

第一，利益是自愿自发激励机制的驱动力。自愿自发激励机制的形成，究其实质是经济主体对利益的追求在起作用，利益推动自愿自发机制的运行。市场经济中，主体的正当权益受到尊重，其逐利行为的正当性得到承认，即经济利益的客观性受到认可。经济主体能以谋求最大化利益为目标，自由决策、自主经营、自由发展，有效地增加了经济主体的积极性、主动性和创造性。在利益的驱使下，经济主体通过自由选择，创造出了无穷无尽、丰富多彩、个性十足的经济活动。因此，可以说，利益使自愿自发激励机制获得内在动力。

第二，自愿自发机制意味着主体自我做主。市场能最大限度地调动以追求最大化利益为目标的经济主体的积极性，这关键在于自愿自发机制作用的发挥，而市场的自愿自发机制意味着经济主体可以按自己的意愿行动，能自我做主。经济主体的自我做主有两个方面的意义：一是经济主体能独立地自由地规划自己的经济活动，不用受到其他任何外在力量的支配，有自由行动的权利；二是经济主体的经济活动权，得到来自政府和其他经济主体的承认和尊重，受法律法规的保护。

第三，自愿自发机制意味着主体自我负责。市场的自愿自发机制也意味着主体要自我负责，这表明经济主体在市场经济活动中不仅能够自主设计和确定行为目标、自由选择行为方式，还要独立承担其行为后果。权利与责任是相伴相随的，拥有权利就意味着负有责任，在多大程度上享有受保护的自主决策，就在多大程度上履行责任。自愿自发机制的主体自我负责包含着两个方面的内容：一是经济主体在自主地决定自己的经济行为，以谋求自身利益的同时，对自己的行为后果负责；二是经济主体在经济活动中要带有高度的责任感，其行为要以责任感为引导，而责任感恰恰是道德的内在规定性和本质特征。

第四，自愿自发机制是从道德上对经济主体人格的尊重和承认。自愿自发机制以个人的自由为基本原则：从事经济活动的每一个主体都享有充分的自由，其自由权利不受到任何其他主体的侵犯。在市场中，经济主体自由地决定和追求其自身的目的，正如哈耶克所说的：“人们在自己的行为中受到并且应该受到其自身利益与欲求的引导……应该允许他们努力追求他们认为可取的任何东西。”① 显

① Hayek, F. A. “Individualism: True and False”, in Individualism and Economic Order [M]. Chicago: University of Chicago Press, 1948a: 15.

然，市场对每一个经济主体的自由神圣不可侵犯的推崇，是对经济主体人格的承认，主张每一个经济主体拥有充分自由去努力追求自己认为可取的东西，这也同时是对其人格的尊重。

自由是市场自愿自发机制形成的基础，自愿自发机制是市场经济的驱动力量，正是在自愿自发机制的驱动下，经济主体具有权利意识，在独立地自由地规划自己的经济活动的同时也具有责任意识，从而约束自己的行为。自愿自发机制下的自我做主和自我负责，最大限度地调动了经济主体实现自身利益和价值目标的积极性，成为提高经济效率、促进经济增长的强大动力。正如深入阐述和挖掘过市场的伦理论据的英国年轻的经济学家约翰·米德克罗夫特所说的："正是因为在市场经济中，每个个体可以自由地追求自己设定的目的，并借此运用他们的个体知识，所以市场经济在资源的利用方面可以实现如此高水平的效率。"①

四、市场经济：走向道德经济的优化途径

必须明确的是，道德经济不是一种独立的经济运行机制，它只不过是我们从道德哲学角度对经济行为作出的哲学性质的判断，只不过是人们对市场经济要走道德化路径的期待。这就表明，要发展道德经济，经济机制方面的最优化的途径仍然是市场经济。众所周知，人类社会对经济机制的选择方面，至今已出现过三种：自然经济、计划经济、市场经济。这些经济运行机制各有特点，但只有市

① 约翰·米德克罗夫特．市场的伦理［M］．王首贞，王巧贞，译．上海：复旦大学出版社，2012：19.

场经济才有优势走向道德经济。

第一，自然经济与道德经济。经济学家们都一致认为，自然经济是不以交换为目的而是以直接满足生产者自己的需要而生产的经济形式。在这种经济条件下，生产什么、生产多少、什么时候生产、怎样生产、为谁生产等，完全由生产者自行决定。自给自足、排斥分工，是其基本性质。自然经济存在于社会生产力发展水平低下、社会分工不发达的社会形态，即前资本主义的各种社会形态如原始社会、奴隶社会、封建社会中，并且处于主导地位。

就其道德性质来看，自然经济的生产是由风俗、习惯等来调节的，即其道德因素相对于经济活动来说居于主导地位。这一点，我们可以从诞生于18世纪法国的重农学派创始人魁奈的经济伦理思想得到证明。当时，市场经济仍处于萌生时期，自然经济仍占主导地位。所以，魁奈的经济伦理思想既表现出为市场经济（或资本主义）呐喊助威的一面，又表现出为自然经济（或封建主义）开具医治药方的一面。他认为，“必须尽可能以作为最好统治基础的自然法则为依据……对于结合成社会的人说，是最有利的自然秩序，同时也是实定法的秩序”①，自然法则可以有两类，一是物体的，二是道德的。道德规律是指“明显地适应对人类最有利的实际秩序的道德秩序所产生的一切人类行为的规律”②。显然，魁奈是把“社会的经济活动纳入道德法的调节范围之内，把道德法视为凌驾于人类经济活动之上的人类社会经济生活的最高准则”③。虽然魁奈这种颠倒经济与道德关系的做法是不科学的，但他的这种看法的确又是自然

---

①② 魁奈经济著作选集［M］. 吴斐丹，等译. 北京：商务印书馆，1979：304.

③ 乔洪武. 西方经济伦理思想研究（第一卷）［M］. 北京：商务印书馆，2016：272.

经济条件下道德作为一种占据主导地位的调节力量的反映。在此意义上看，自然经济可以被判定为一种道德经济。

虽然自然经济是一种道德经济，但这种经济形式毕竟是建立在生产力发展水平极其低下的基础上的，这也决定了自然经济的生产规模狭小，生产者彼此孤立分散，很少经济交往，因而必定具有因循保守、固守成规的特征。而且，人与人之间的关系也是人对人的依赖性。每个人虽然都具有如马克思在《1857～1858 年经济学手稿》中所说的“原始的丰富性”，但其能力（包括思想道德水平）则停留在孤立的地点上。这样，自然经济不利于人的发展，同时也使人的道德具有两面性：一方面自然经济下的道德的确是一种道德；另一方面这种道德是落后保守的道德，对经济发展起阻碍作用的道德。但生产力和社会分工的发展是社会发展的必然趋势，因而它们必定要冲破这种落后保守道德的束缚，而寻求与之相适应的经济形式或运行体制。在这个意义上，自然经济作为一种道德经济，勿宁说是经济与道德关系运行之历史轨迹的起始点。

第二，计划经济与道德经济。计划经济一词，最早是由奥匈帝国的商业部长维塞尔在 1919 年出版的《计划经济》一书中提出的，意思是指计划在资源配置中起决定性作用的经济形式或经济运行体制，这种计划是指中央政府的计划。著名的自由主义经济学家哈耶克曾界定过“计划”的内涵，他说：“……计划者所要求的是根据一个单一的计划对一切经济活动加以集中管理，规定社会资源应该‘有意识地加以管理’，以便按照一种明确的方式为个别的目标服务。”[①] 计划的实质在于“根据某些有意识构造的‘蓝图’对我们

① 哈耶克．通往奴役之路［M］．冯兴元，等译．北京：中国社会科学出版社，1997：40.

的一切活动加以集中的管理和组织”①。总之，经济活动的决策权高度集中于政府特别是中央政府，自上而下的以行政命令而下达的指令性计划，政府管理机构同经济主体之间信息纵向传导和垂直联系，实行实物而非货币管理，市场活动要么就是没有要么就是被严格控制于一定范围，是这种经济形式的基本特征。

由于计划经济以中央政府的计划来指挥整个经济活动，因而经济主体没有任何自主决策权。美国社会批评家简·雅各布斯把计划经济的经济伦理概括、提炼为“尊重计划”“服从纪律”“固守传统”“要求忠诚”“认可宿命”等②。而道德恰恰是以主体的自由意志为前提的。“自由，或者更准确地说，自由选择的权利构成了所有道德规范与原则的基础与前提。”③ 因此，计划经济与道德是相隔离的。既然计划经济与道德相隔离，那么它就不是道德经济。

第三，市场经济与道德经济。所谓市场经济，即是以市场对资源配置起决定性作用的经济运行方式或经济运行体制。对于其基本特性，本章前面已经作了阐述，在此应该进一步指出的是，与计划经济相比较，这种经济体制到底在发展道德经济方面具有什么优势。在市场经济条件下，生产什么、生产多少、什么时候生产、怎样生产、为谁生产等，完全依靠价格信号由市场力量来决定。“市场经济对于资源的配置是通过市场、市场机制来实现的，通过市场机体内的供给与需求、价格、竞争、风险等要素之间的相互作用来

① 哈耶克．通往奴役之路［M］．冯兴元，等译．北京：中国社会科学出版社，1997：40.

② 柯武刚，史漫飞．制度经济学——社会秩序与公共政策［M］．韩朝华，译．北京：商务印书馆，2000：185.

③ 甘绍平．伦理学的当代建构［M］．北京：中国发展出版社，2015：90.

促进资源的优化配置和各部门的按比例发展。”① 经济决策由分散的企业和个人各自独立做出。为了交换而生产、分工发达、信息传导畅通，是其基本性质。市场经济存在于社会生产力发展水平较高的社会形态，即资本主义、社会主义的各种社会形态，并且处于主导地位，目前已经全球化了。

与计划经济相反，市场经济的经济伦理特征表现为：一是这种经济体制要求经济主体服从自己的利益目标，这样就极大地激发了主体的积极性、主动性；二是这种经济体制建立在现代健全、完善的法治基础上；三是这种经济体制消解了等级特权意识，确立起了经济主体的平等地位；四是这种经济体制决定主体必须依据市场，听从市场，以科学真理、真实信息为标准，拒斥长官意志；五是这种经济体制依赖“优胜劣汰”的机制运行，必然导致“卓越者领跑”，而且这种卓越者是市场绩效和道德品性两个维度都表现卓越。总之，正如马克思在《资本论》中总结的，“自由”“平等”“所有权”“边沁”构成市场经济最为根本的属性，而这种属性其实也就是它的经济伦理属性。

正是这种经济伦理属性为市场经济走向道德经济提供了可能。“自由”是市场经济获得效率优势的根基性条件，同时也是道德得以出现从而为其在经济领域发挥作用的前提和基础；“平等”是市场经济作为机制得以健康运转的基本要求，同时也是主体作为主体得以挺立人格和尊严的基础性准则；“所有权”也就是产权，是市场经济的基石，同时也是个人致富的动力和个人责任的激发机制；“边沁”即功利或利益，是市场经济的驱动力，同时也是道德作为

① 张卓元主编．政治经济学大辞典［M］．北京：经济科学出版社，1998：73.

一种调节力量而必然出现的促发因子。这样看来，市场经济走向道德经济的基本条件都具备。

当然，市场经济虽然具备走向道德经济的基本条件，但其真正转化为道德经济还需各种人为的努力，也就是说，它不会自然而然地、自生自发地变成道德经济。如果不承认这一点，那么我们就会把现实中的市场经济直接判定为道德经济，而事实上，现实中的市场经济已经给人们的道德生活带来了极大困扰。哈耶克曾经非常得意地发现了市场经济的“自生自发秩序”，即“一种自我生成的或源于内部的秩序”[①]，“像语言、市场、货币或道德准则这类东西，并不是真正的人工产物，不是自觉创造的结果”[②]，“而是一个自发的产物”[③]，“是由文化进化赋予人类的一种独特的第二禀性”[④]。其实，市场经济既有自生自发秩序，也有人为建构秩序。即便是自生自发秩序也并不完全就是自然演进的，卡尔·波兰尼曾经就说过：“自由市场并不是自发演进出来的：它们是国家权力构造出来的。”[⑤]即是说，市场经济离不开政府宏观调控。至于道德，就更是不能完全判定为自然演进的结果，因为道德系统中既有自然的道德，即“某一族群或文化共同体自然生成的、通过传统流传下来的行为规范系统，其合法性与约束力来自人们的相互认可，其作用在于规范和调节该族群或文化共同体内部的行为模式与利益需求”[⑥]；也有人

① 哈耶克．法律、立法与自由（第一卷）［M］．邓正来，等译．北京：中国大百科全书出版社，2000：55.

② 哈耶克．科学的反革命——理性滥用之研究［M］．冯克利，译．南京：译林出版社，2003：87.

③ 哈耶克．致命的自负［M］．冯克利，等译．北京：中国社会科学出版社，2000：1.

④ 哈耶克．致命的自负［M］．冯克利，等译．北京：中国社会科学出版社，2000：57.

⑤ 拉齐恩·萨丽，等．哈耶克与古典自由主义［M］．秋风，译．贵阳：贵州人民出版社，2003：393.

⑥ 甘绍平．伦理学的当代建构［M］．北京：中国发展出版社，2015：31.

为的道德，即“由人们源于自己的理性认知和对经验教训的总结反省而人为建构的所谓人工的道德”[①]。即是说，道德规范系统也离不开建设和政府的引导。因此，人们要遏制现实的市场经济给道德生活带来的负效应，把市场经济引向道德经济，就必须通过一系列人为措施来达到目的。正是在此意义上，市场经济与其他经济体制相较，要离道德经济更近，而这也许是经济与道德关系运行之历史轨迹的一个带有更大可能性的结果。

第二节　作为道德经济发展主体的企业

市场经济体制为中国道德经济的发展提供了平台，而在该平台上活动的是广大的市场主体，其中最为主要的是无数企业，因此，道德经济的发展终究还是要以企业为主体，只有广大企业真正自觉地开展道德经营，才能实现中国道德经济的发展。而企业发挥主体作用，开展道德经营之所以是可能的，是因为企业的特性为其提供了可能性条件。因此，本节拟对企业作为中国道德经济发展主体的根据和理由进行探讨。

一、企业具有道德责任能力

在市场经济条件下，企业要发挥主体作用，走道德经营之路，主要是因为一方面市场是商品交易的场所，企业在市场中进行生产

① 甘绍平．伦理学的当代建构［M］．北京：中国发展出版社，2015：35.

经营活动，向社会提供商品和服务，是市场的细胞，是市场主体；另一方面，企业作为经济主体，具有道德责任能力，能够承担道德责任。那么企业何以具有道德责任能力？

首先必须明确的是，我们所指称的企业主体与哲学视野的主体是不同的。因为企业或公司是一个组织，哲学中的主体则是人，然而企业作为一个组织并非人，只是由那些在市场经济中活动着的，为了实现一定的经济目的、按一定方式结合起来的集体或团体。那么，为什么企业作为一个组织也能够成为主体呢？之所以如此，就在于企业组织本身也具有意识系统和自组织功能。众所周知，正是因为有意识和自组织功能，所以人才成为自觉自为自主的主体；正是因为有意识系统和自组织功能，所以人才能够有意识地开展实践活动，才能够有意识地提出行为目的；正是因为有意识系统和自组织功能，所以人才能够在达成行为目的过程中，依据周遭环境条件的变迁而自觉地、理性地调节和控制其行为，作出那些与目的相对且有助于实现目的选择行为。然而，不仅人如此，由人组成的企业组织也与此类同，即意识系统和自组织功能是企业也一样具备的。经济学者 D. H. 罗伯逊曾生动形象地把市场上活动的企业组织比喻为“牛奶（即市场——引者注）中凝结的奶油（即企业——引者注）”，因而是“有意识力的岛屿”，而著名新制度经济学家罗纳德·哈里·科斯则在《企业的性质》中认为，这些“有意识力的岛屿”就是指企业、公司等这样一些活动于市场中的组织①。事实上，企业或公司组织尽管是由数量若干的个人组织起来的，但企业或公司组织一

① 罗纳德·H. 科斯. 企业的性质. 奥利弗·E. 威廉姆森，西德尼·G. 温特编. 企业的性质——起源、演变和发展［M］//姚海鑫，邢源源，译. 北京：商务印书馆，2007：23.

旦确立起来，就会不可避免地产生超越于个人的意志、需要和目标，形成自身独立的意识系统和自组织功能。正是这种特定的意识系统和自组织功能，使企业或公司组织具有了与人相类似的主体性特征。

从组织行为学上看，任何组织都摆脱不了一个最为基本的特性，这就是它的形成总是为了达成一定的目的的，没有某种目的，组织就失去了形成的依据，企业组织同样如此。虽然某一企业组织所持有的目的既有可能是单一的，也有可能是复合、多元的，但终究是显明的、确定的，并贯穿、渗透于该企业或公司组织在市场上的所有经营活动之中。为了保证其目的达成，企业或公司组织就必定依据某种程序作出决策。从管理学上说，决策作为某一组织作出的意识性行动，一般来说总是经由一个集体或团队而制定出来的，这些集体或团队一般就是组织或公司中的“委员会、工作队、审查组、研究小组或类似的组织”①，它们是企业组织作出决策时，在绝大多数情况下都会采用的基本工具或手段。企业组织的决策具有的典型特征是群体性，而并非个体性，相较于那些个体性决策，群体性决策由于可以广泛吸纳多方面、多维度的意见，并在此基础上对这些信息进行综合性、系统性的整理和分析，因而能形成数量更多质量更好的选择方案，这样就能够保证决策的科学性和合法性，从而更有助于达成组织目的。显然，这样的群体性决策极为明显地凸显了企业或公司组织作为一个主体所必须具备的那种自组织功能。由此，我们就能够推导出，企业或公司组织所具备的这种自组织功

---

① 斯蒂芬·P. 罗宾斯. 管理学［M］. 黄卫伟，等译. 北京：中国人民大学出版社，1997：134.

能，是来自其已经确立的宗旨和目的，并经由其决策选择行为呈示出来。

由此可知，意识系统和自组织功能使得企业拥有自主性，即在活动中的独立性和主动性，能做出自己的行为选择。具有自主性的企业在市场中可以自己做主，制定反映自己特定需要和意志的目标和追求，相应地具备特定的行为选择能力，能自我决断。而“自我决断和行动自由是负责任的前提”①，在这个前提下，具有自主性的企业就是可以为自己负责任的主体，具备承担责任的能力，也就具备了道德责任能力。既然企业具备道德责任能力，那么其在经营活动中就具有了履行道德责任的可能性条件，其就应该履行道德责任，如果抛弃经营活动中的道德责任，企业就可能无法获得良好的经营效果，无法取得良好业绩；既然企业应该在经营活动中履行道德责任，而道德经济不过是市场主体都担当责任的经济，因此，企业构成市场主体，同样也构成道德经济发展的主体。

二、企业是利益性与契约性的存在

活动于市场上的企业，从存在方式上看，主要有两种形式：一是以利益为纽带而组成的企业，二是以契约为纽带而组成的企业。无论是利益性的存在形式，还是契约性的存在形式，都决定企业是道德经济发展的主体。

第一，从以利益为纽带的存在形式上看，为了维持自身的存在

① Thomas Hellstrom. On the Moral Responsibility of Military Robots [J]. Ethics and Information Technology, 2013, 15 (2): 99 – 107.

和发展，任何企业都必然会谋求自身利益，就是这种谋求自身利益的动机，驱使企业必定会同其内部成员以及外部其他利益主体开展交往，这样，由多种多样的利益相关者所组成的交往网络就构成企业存在的背景，受这种背景的限制和约束就是任何企业都无法摆脱的宿命。正是企业同众多的利益相关者以利益为纽带联结而成的这种交往关系，使企业同时也与利益相关者构成一种权利关系，而这种权利关系同时也是一种责任关系。这种权利关系和责任关系从价值论上看，又具有法律和道德意义上的双重价值设定。就众多利益相关者而言，企业拥有也可以行使相应权利，但与此同时，企业也就必须履行与权利相对应的法律责任及担当相应的道德义务。假如企业能够以积极主动而且正确合理的道德立场和态度，真诚、踏实地担当和履行此类法律责任和道德义务，那么其自身就可以较好地达成利益、行使权利；不然，企业谋求利益和行使权利的行动就一定为利益相关者所抵制，而这种抵制又必定会影响企业的生存和发展。理查德·渥库齐和乔恩·谢巴德曾针对利益相关者与企业之间的这种互动的交往关系说道，利益相关者“被公司所影响，反过来也影响了公司。由于这一点，公司在追逐‘开明的自我利益’时，必须考虑这些相关利益者的利益。这样，公司就可能参加不同的活动，从而使一个或者多个相关利益者受益，尽管这在短期内会花费高额的成本，但在长期会使公司受益”①。因此，从以利益为纽带的存在形式上看，企业本质上是立于其与众多利益相关者之间的道德价值关系之上的，这种道德价值基础即是互相尊重、互担义务和责

① 乔治·恩德勒主编．国际经济伦理：挑战与应对方法［M］．锐博慧网，译．北京：北京大学出版社，2003：404.

任、相向合作，从而实现互利互惠。

第二，从以契约为纽带的存在形式上看，企业又正如科斯所说的，是一种契约组织。在他看来，企业存在于社会交往关系网络之中，依靠一系列的协议和契约，它同众多的利益团体建立起错综复杂的交往关系。经济伦理学家托马斯·唐纳森和托马斯·邓菲也认为，通过认同共享性的使命和任务，自由赞同某些核心价值观念，人们之间达成一些社会契约，这些契约促成了企业的形成，相应地，信任和遵守这些社会契约就是企业为了维系生存和发展所必须履行的承诺。企业对交往中的规范形成之程序的认可，对交往结果的承认和接纳，构成"对微观社会契约的一致同意"①。

无论从形成上看，还是从发展上看，企业无疑都离不开协议和契约，但这些协议和契约按照形式，我们可区分为正式的和非正式的两种；以强弱程度为标准，我们又可区分为显性的和隐性的两类。然而，当我们考虑到契约要达成的目的时，就可以发现，契约和协议终究是用于约束和控制企业行为的，因而，与其把契约区分为前述不同种类，不如把契约看作"一组解决企业经营管理活动中的激励约束问题的价值集"②，这样，契约就转换为一种管理措施。而对这种作为管理措施的契约，我们又可以将其区分为法律意义上的、道德意义上的和心灵意义上的这样三种。法律意义上的契约，很明显属于正式的、显性的种类，而道德意义上的和心灵意义上的契约，则显然属于非正式的、隐性的种类。因为有法律这种强制性

---

① 托马斯·唐纳森，托马斯·邓菲．有约束力的关系——对企业伦理学的一种社会契约论的研究［M］．赵月瑟，译．上海：上海社会科学院出版社，2001：52.

② 龚天平．企业社会责任：内涵及其限度［J］．吉首大学学报（社会科学版），2007（3）．

力量的保障，所以法律意义上的契约得到履行从而迫使企业担负法律责任一般不会存在问题，但这终究是强制性的，而非主动的积极作为。与此不同的是，道德意义上的和心灵意义上的契约则因为没有强制性力量的保障，因而需要企业主体从内在方面自觉激励自己从而履行道德责任，这种内在激励从契约的本质上看是完全可能的。因为不管是什么样的契约，都不过是那些构成为企业的人员之真实目的、意志和期待的呈现，是他们出于自由意志而不是听任于任何异在力量的干预而作出的自我选择，这种自主选择同时也表明了他们出于自由意志而承诺了相应道德责任。所以，无论是契约所承载的权利还是承诺的道德责任，都不过是订立契约的人或参与企业的成员自己听从自己内在心灵呼唤的表征。契约是企业形成和发展所无法抛开的，其所承载的道德责任同样也是企业形成和发展所无法搁置的，企业主体的道德自律是这种道德责任得以兑现的唯一途径。就此种意义而言，企业讲究道德履行责任的行为，本质上不过是契约订立者或企业参与者通过签订协议来表明自己认同某些共享性的使命和任务，自由赞同某些核心价值观念，从而承诺据其行事的一个必然性的结果；就道德意义上的和心灵意义上的契约与法律意义上的契约的关系来看，这些契约既能够弥补契约形式或种类的不足和内容上的不周延性，减缓市场失灵，防范腐败，也能够降低交易成本，减少亏损，提升交易信任度，消除不确定性因素，推动法律意义上的契约的更好履行。就此种意义而言，所谓企业讲道德履行责任的行为本质上不过是那些用来约束企业行为的法律意义上的契约可以得到优化履行的必然结果。

总之，企业作为一种利益性和契约性存在，在经营活动中必须履行道德责任，这是企业之所以作为企业的内在本性要求，如果抛弃经营活动中的道德责任，企业就违背了自己的内在本性，那么其存在就失去了根据和理由。既然企业在经营活动中要履行道德责任，而道德经济不过是市场主体都讲道德重然诺担责任的经济，因此，企业构成市场主体，同样也构成道德经济发展的主体。

三、企业是过大权力的拥有者

企业是社会的公器。这一命题有两方面的含义：一是相对于企业来说，社会对企业有约束和期待，需要企业承担应有责任；二是相对于社会来说，企业具有巨大影响，拥有过大的权力，企业应该承担道德责任。既然如此，活动于市场的企业就应该在经营活动中合乎道德地经营，使市场成为“道德的市场”，从而担当起道德经济发展的主体责任。

第一，现代社会，人们的社会生活一刻也不能离开企业；而企业也的确拥有过大的权力，对于这种权力必须有一种力量来对其进行制衡，否则社会就会失去平衡，而这种制衡力量就企业自身来说，就是企业主动担负起道德责任。所以，企业担当道德责任实质上是对企业权力过大进行制衡的一个重要选择。就世界范围来看，众多知名企业的经济实力越来越雄厚，社会财富也越来越流向企业，使企业越来越成为一个强大的独立的财富之国。据有关资料表明，大约世界50%以上的财富为前世界500强企业所占据。在我国，随着现代企业制度的确立，各类企业在数量、规模、经营范围、成员构成等方面也越来越大而丰富，领域越来越广，它们一方面为国民经济发展作出了重大贡献，另一方面对社会具有越来越大的影响力。这种影响力表明，现代企业是社会中巨大权力的拥有者，也是权力的行使者，无论是从所有企业作为一个社会系统中的整体来看，还是从某一行业和单个具体的公司来看，甚至从企业中的个体性成员如企业领导人来看，都是如此。“既然企业对社会具有如此巨大的影响力，拥有如此巨大的权力，就应该对行使权力所造成的后果承担责任；社会对这种权力进行制衡的有效办法也就是要求企业承担相应责任，谁不承担相应责任，就应该让他无法拥有权力。”① 这就是凯思·戴维斯曾经阐述过的“责任的铁律”所阐明的道理②。

第二，就当下市场经济运行体制来看，担负道德责任、合乎道德地经营是其对于企业的应然要求。现代经济学表明，任何一个市场体系要有效率地运行，其就必须具备产权、消费者自由选择权和准确完备的信息等基本条件。然而，市场毕竟处于现实生活中，现实生活不是理想中的生活，无法满足这些条件，因此市场总是有缺陷的市场，如竞争不可能完全、信息不可能完备、总是会有外部性特别是负外部性等。因此，单纯依靠市场机制来对市场活动进行调节显然是远远不够的，还需要依靠政府提供的法律制度和社会的道德力量来调节，而道德作为第三种调节力量，就要求活动于市场的大量企业主体培育良好的企业道德价值观，并在这种价值观驱使下自觉地担负道德责任、合乎道德地经营，从而把市场经济引向道德

---

① 龚天平．企业社会责任：内涵及其限度［J］．吉首大学学报（社会科学版），2007（3）．

② 这一“责任铁律”就是：“谁不能以社会认可的负责的态度行使权力谁就将失去权力。”（Davis，Keith and Frederick，William C. Business and Society：Management，Public Policy，Ethics［M］. 5th ed. New York：McGraw－Hill，1984：34.）

经济之路。

第三，就整个社会秩序系统来看，担负道德责任、合乎道德地经营是这一系统完善化、整体化对于企业的又一个应然要求。现代社会是法治社会，维系社会秩序的法律制度体系越来越完备、健全，然而尽管如此，法律终究有其摆脱不了的固有缺陷：其一，法律只是一个社会的底线，只是一些人们应该遵守的最为基本的行为规则，其适用范围是有限的，只对社会中那些违法的人、组织进行处罚，但任何一个社会系统都不只是由这些人和组织所构成，还有大量的处于法律触及不到的“灰色”地带的人和组织；其二，如果我们将人们的行为规则分为鼓励、允许、禁止三个层次，那么法律只是处于第二、第三层次上的行为规范，因为法律作为权利体系，属于允许层次，即权利为人们所拥有，但行使与否由人们自主决定，他人无可替代，同时法律作为对人们行为的“不应该”进行规定的行为规则，属于禁止层次，即法律规定不能为的是人们不能做的，否则就会受到处罚，因此法律具有形式上的有限性，然而，任何一个社会都还有大量的行为属于鼓励层次，这些鼓励层次的行为使一个社会充满温情；其三，制定并颁布法律是一个时间耗费的过程，这导致法律具有时间上的滞延性；其四，制定并颁布法律，实施法律也是一个大量社会成本耗费的过程，如法律需要强大的司法机关。这就表明，作为法治社会的现代社会，不仅需要法律，同时也需要伦理道德，社会系统的健康运行，不仅需要组成这一系统的人和组织守法，同时也需要组成这一系统的人和组织守德。因此，企业作为社会系统重要组成的组织，既需要遵守法律，承担法律责任，同时也需要遵守道德，承担道德责任，这是一个社会系统形成健康合理的社会秩序的必要条件。

总之，企业作为一个社会中过大权力的拥有者，在经营活动中必须履行道德责任，这是社会对其进行制衡的必然要求，如果抛弃经营活动中的道德责任，那么企业也就抛弃了拥有权力的根据和理由，从而就不应该拥有权力。既然企业在经营活动中要履行道德责任，而道德经济不过是市场主体都讲究道德、重视权利同时也担当责任的经济，因此，企业构成市场主体，同样也构成道德经济发展的主体。

第三节　企业开展道德经济的方法

在市场经济模式中，中国历经了 40 多年的改革开放，奋起发展，当代中国社会发生了巨大变迁，经济体制、政治体制和价值观念等方面发生了巨大变化。在社会经济体制的变迁下，中国经济发展的方向发生了转变，新常态下的市场经济正在逐步为走向道德经济创造条件。中国特色社会主义市场经济不仅具有市场经济的一般属性，还具有特殊属性，其特殊属性源自特有的条件：（1）以生产资料公有制为主体多种所有制经济并存的基本经济制度；（2）以按劳分配为主体的多种分配方式并存的分配制度；（3）社会主义国家对经济实施宏观调控。在这样的背景中，个人在市场中追求自身利益的行为同社会利益不会发生冲突。因为“良好的制度会使经济活动中的人在增进集体利益或社会利益最大化的过程中实现合理的个人利益最大化"①。在良好的制度下，企业以社会利益为出发点，作为社会成员的个人首先要服从社会利益，寻求社会利益的最大化，否则，会因为个人主义受到利益制约或遭受利益损失。同时，市场经济在良好制度的保障下运行，获得的社会利益将较公平地分配到每一个社会成员，从而实现个人利益的最大化。在社会主义市场经济条件下，市场的自愿自发激励机制与我国的基本经济制度、分配制度相协调，在各项社会制度的主导下，企业追逐私利、创造财富、寻求效率的行为必然带来有利于社会及他人的良好效果。那么，企业如何为发展道德经济创造条件呢？

一、市场自愿自发激励机制的利用

事实证明，市场的优越性体现为，与其他资源配置方式相比，它能更好地配置资源，然而市场作用的发挥却又源自其自愿自发激励机制，在这一机制下，社会商品和资源的配置更趋合理化，人的需求能够在普遍的、繁荣的交易中得到满足或替代。与其他任何经济的发展一样，社会主义市场经济条件下道德经济的发展同样也是追求效率和财富的，因此，企业要充分利用市场的自愿自发激励机制，自主经营，展开公平竞争。

第一，合理谋取利益。这一点极其重要，因为市场中的供求方之间、供给方之间、需求方之间，不断地为争夺一定的经济利益，才展开竞争的，这样，利益构成市场自愿自发机制运行的内在动

① 程恩富，方兴起，郑志国．马克思主义经济学的五大理论假设［M］．北京：人民出版社，2012：16.

力。斯密曾说："他如果能够刺激他们的利己心，使有利于他，并告诉他们，给他做事，是对他们自己有利的，他要达到目的就容易得多了。"[①] 市场自愿自发激励机制的正常运行，认可并支持企业在市场活动中的利己行为，即充分肯定企业逐利行为的合理性。因此，市场中的企业应该注意解决好以下几个方面的问题：一是确保自身逐利行为的正当性。企业逐利行为的正当性是指市场中企业的利己行为得到社会的普遍认同和尊重。只有在正当谋利的条件下，社会才会认同和尊重企业的利己行为，企业才能正常开展经济活动。因此，企业自身要杜绝采用不正当手段牟取利益。二是遵守市场规则。市场规则一旦遭到破坏，市场交易活动就会混乱，企业的利益也会受到损害，企业违反市场规则，会侵害其他经济主体的利益。企业要维护自身谋利行为的正当性和合理性，避免受到外界的任何不当侵害和干扰，应该严格遵守市场规则，自规范化身行为，维护市场公平竞争，保证市场的良好秩序。

第二，保持独立性。各企业作为独立的个体存在，是市场自由自发机制发挥作用的前提条件。市场中的广大企业都具有独立性，拥有自己独立的物质利益和自主权限，能自主地做出经济决策并独立地承担风险和责任。企业保持自身的独立性，主要应从以下几个方面着手：一是提高决策能力。企业在市场中的自主决策权是企业首要的权利。市场经济的突出特点是每一个经济主体都有自主决策权，能根据国家的宏观指导性意见、建议或市场需要自行做出决定，企业的自主决策权即企业的生产经营决策权，就是企业能自主

---

① 亚当·斯密．国民财富的性质和原因的研究（上卷）［M］．北京：商务印书馆，2015：12.

决定生产经营的范围、生产经营的方式和投资方向。要发挥市场自愿自发机制的作用，企业应该自行做出各项决策，企业自己决策，能充分发挥自己的创造力，活跃市场。二是积极参与市场竞争。竞争是市场自愿自发机制运行的重要条件，只有广大企业积极参与竞争、平等竞争、正当竞争，市场才能形成“角逐争夺的大舞台”，而市场经济也才真正有活力，并创造财富，促进繁荣。

第三，挺立“企格”。企业挺立“企格”①，即作为企业的资格、尊严和自我做主的权限，是尊重自我的表现，将受其他经济主体的尊重。企业越是自尊，越是重视其形象和声誉，其所具有的“企格”，就会越独立，而其道德能力也就越高；企业道德能力越高，则其就会越是重视社会利益。企业保持独立性，挺立“企格”，应从以下几个方面入手：一是勇于承担风险和责任；二是树立正确的价值观；三是寻求、维护“企格”。

二、公有制企业要发挥“公有”潜能

社会主义市场经济的主要特征，体现在它是以公有制企业为主体的市场经济，公有制在我国所有制结构的运行中居主导地位，发挥基础性、决定性作用，这使我国社会主义初级阶段的所有制结构带有社会主义性质。在公有制为主体多种所有制经济并存的所有制结构中，处于主导地位的公有制企业，对整体经济效率的提高、资源的优化配置、国家综合国力的增强、其他经济成分的市场行为

---

① 企格是模仿伦理学中的“人格”一词而提出的概念，人格是指一个人作为人而存在的独立资格和道德尊严，由自尊和他尊共同构成。如果我们把企业人格化，那么作为个体的企业同样也具有“企格”。

等，都有着重要影响。公有制企业在引导其他市场主体走上道德经济之路上，也能发挥很好的示范作用。为此，公有制企业要充分发挥其“公有”潜能，真正体现其道德性质：

第一，公有制企业要积极投身于公益事业。公有制是适应社会化大生产的生产资料为全体劳动者共同占有的所有制形式，公有制企业中，每个劳动者都拥有平等的生产资料所有权，产品为全体劳动者共同占有和共同享有，从而形成了全体劳动者共同的物质利益关系和共同的社会主义目标。社会主义公有制企业在现代市场经济运行中不仅能弥补市场缺陷和不足，而且能有效地实现社会主义宏观调控目标：避免社会的两极分化，实现共同富裕。因此，以共同富裕为目标的公有制企业能更好地投身于公益事业，而所谓公益事业，是指“其目的不是为了谋求利益、获得利润，而是为了造福于他人、社会乃至整个人类，是从文化、精神、体质、社会、环境诸多方面开发人的潜能，为人类社会生存和发展创造各种基本条件的事业”①。公有制企业只有投身于此类事业，才能证明自己属于公有，而非私有。

第二，公有制企业要踊跃地与非公有制企业展开合作。当前，社会主义市场经济条件下，非公有制企业的数量在不断攀升，其规模也在不断扩大，非公有制企业成为中国经济增长极为重要的补充力量。公有制企业与非公有制企业合作，以非公有制企业的经营为载体，充分发挥其综合带动效应。公有制企业要建立与非公有制企业之间的具有组织的、经常性的联系，优化非公有制企业的信息、管理、技术、资本、劳动力等各项生产要素的配置，在彼此间经济

① 江平．法人制度论［M］．北京：中国政法大学出版社，1994：229.

交往和互动的基础上，促进非公有制企业的公平竞争意识，分配方式的合理运用，科学文化素质的提高，并进一步增强非公有制企业的民主管理理念。我国公有制企业积极投身于公益事业，在引导其他市场主体走上道德经济之路上，正发挥着良好的示范作用。

三、非公有制企业要释放创造活力

非公有制企业促进国民经济的增长和社会的发展，是社会主义市场经济条件下建设现代化经济体系的重要组成部分。非公有制企业在我国主要是广大的民营企业和各类合资企业。据资料表明，民营企业创造了50%以上的财政收入，60%以上的税收，70%以上的技术创新，80%以上的就业，而且民营企业占全部企业的90%以上。[①] 改革开放40多年来，在我们取得的一系列重大成果中，民营企业做出了巨大贡献。因此，其存在和发展是极其重要的。党的十九大报告指出：在加快完善社会主义市场经济体制中，要"全面实施市场准入负面清单制度，清理废除妨碍统一市场和公平竞争的各种规定和做法，支持民营企业发展，激发各类市场主体活力"[②]。既如此，在社会主义市场经济下，我国非公有制企业应该在公有制企业的示范带动下，释放自己的创造活力，在我国发展道德经济中充分体现自己的角色，发挥作用。当前，非公有制企业走道德经济之路的主要着力点就在于释放创造活力，而要做到这一点，非公有制企业应该做到如下几点：

---

① 数据来源：中国国家统计局.

② 习近平. 决胜全面建成小康社会夺取新时代中国特色社会主义伟大胜利——在中国共产党第十九次全国代表大会上的报告［R］. 北京：人民出版社，2017：33－34.

第一，积极参与竞争。企业要参与竞争才能激发其活力，竞争是企业发展的动力，具有激励力量，非公有制企业要积极参与市场竞争。一是要积极寻求与非公有制企业之间和公有制企业之间的竞争。与其他企业之间的竞争有利于激发并挖掘非公有制企业自身的潜力，促进生产技术的进步，提高经济效率。二是参与国际竞争。有实力的非公有制企业进入国际市场能加速企业生产技术的发展，提高劳动者素质，有效推动企业创新和技术改造。

第二，提高创新能力。创新能力决定非公有制企业的生存和发展，非公有制企业可以从以下几个方面来提升自身的创新能力：一是将创新放在企业发展的核心位置。密切关注技术进步和产业改革的大方向，把握技术创新的最前沿动态和产业变革趋势。二是打造一支自主创新核心团队。创新成果是企业的核心竞争，人才是企业的核心竞争力，创新成果依靠创新人才队伍的建设。三是加强创新的合作交流。非公有制企业在提升自身的创新能力的同时，要积极开展与其他企业的合作交流，注重对先进理念和先进技术的吸收。

第三，勇于创新。非公有制企业在提升自身创新能力的同时，还要勇于创新。一是加大创新投入。二是建立创新激励机制，制定良好激励机制调动创新人才的积极性，从而充分发挥其才能和智慧。三是营造勇于创新的氛围，鼓励创新，宽容失败，激发创新人才的积极性和主动性。当前，非公有制企业正在我国道德经济发展中发挥作用，充分体现自己的优势。如碧桂园集团通过创新可造血的扶贫方式，探索可复制的扶贫模式，构建可持续的扶贫机制，为脱贫攻坚贡献了碧桂园的智慧和方案。其“4 + X”的扶贫模式，利用党建扶贫、产业扶贫、教育扶贫、就业扶贫等多种形式，覆盖不同贫困群体，拓深扶贫力量，真正建立长效、稳定、可靠、持续的扶贫机制，正是当代中国道德经济的典范①。

近几年来，非公有制企业是我国慈善捐赠中最活跃的群体。从2014～2019年中国慈善企业排行榜②发布的情况来看，非公有制企业是我国慈善捐赠中的主要力量，这表明，在企业获得良好发展的同时，越来越多的非公有制企业致力于更美好社会的建设。

2019年第十六届中国慈善企业排行榜位于榜单前十的是日照钢铁控股集团有限公司、腾讯公司、新奥集团股份有限公司、传化集团有限公司、中南控股集团有限公司、碧桂园集团、完美（中国）有限公司、轻松筹、紫金矿业集团股份有限公司、大众汽车集团（中国）；2018年位于榜单前十的是恒大集团、阿里巴巴、腾讯、碧桂园、大连万达、中国泛海、嘉禾集团、京东、高瓴资本、中国石油；2017年位于榜单前十是腾讯、中国长江三峡集团、盛大集团、阿里巴巴、碧桂园、万达集团、中国泛海、世纪金源、永同昌、泰禾集团；2016年位于榜单前十的是海航集团、腾讯公司、中南控股集团、新奥集团、日照钢铁控股集团有限公司、NU SKIN如新、中艺财富、上海荷福控股集团有限公司、大爱城投资控股有限公司、中国华信能源有限公司；2015年位于榜单前十的是海航集团、NU SKIN如新、梅赛德斯·奔驰、中国华信能源有限公司、新奥集团股份有限公司、三星（中国）投资有限公司、汇丰银行（中国）有限公司、日照钢铁控股集团有限公司、中南控股集团有限公司、腾讯

① 资料来源：碧桂园官网，https://www.bgy.com.cn/upload/file/2020-06-19/342670ea-8208-4afb-a551-5f950bd1d4f6.pdf.

② 中国慈善企业榜是以在中国（不含港澳台地区）运营或者主要业务在中国的国有、民营企业的企业家为考察对象，以企业的在前一年的现金捐赠及股权捐赠（折现）为统计范围，进而编制的榜单。

公司；2014 年位于榜单前十的是 NU SKIN 如新集团、神华集团有限责任公司、南京中脉科技发展有限公司、上海华信石油集团有限公司、日照钢铁控股集团有限公司、卓达集团房地产有限公司、中南控股集团、富士康科技集团、加多宝集团、新奥集团。这些企业的非公有制和公有制性质如表 4－1 所示。

表 4－1　2014～2019 年中国慈善企业排行榜 TOP10 中非公有制企业和公有制企业数量

年度	非公有制企业数量	公有制企业数量	榜首企业及其性质
2014	9	1	NU SKIN 如新集团（非公有制）
2015	9	1	海航集团（公有制企业）
2016	9	1	海航集团（公有制企业）
2017	9	1	腾讯（非公有制企业）
2018	9	1	恒大集团（非公有制企业）
2019	10	0	日照钢铁控股集团有限公司（非公有制企业）

资料来源：2019 中国企业慈善公益榜单［EB/OL］.［2019－12－03］. http://gongyi. people. com. cn/n1/2019/1203/c151132－31488054. html.

第五章

中国道德经济发展的主导力量

不同于那种通过改变生产要素,如增加数量、变换结构、改善质量等，以实现经济增长的经济行为方式，道德经济并不是一种纯粹经济性质的行为方式，它不仅要把经济效益作为追求的目标，也要把社会效益作为追求的目标，做到两个效益并重。而要做到两个效益并重，它的实现路径就不能仅考虑经济路径即市场（经济）路径，同时也要考虑政治路径，这种政治路径一般是由政府提供的。美国经济学家巴里·克拉克认为，“经济学可定义为个人通过市场追求经济繁荣，政治学则可相应地定义为共同体通过政府追求公正”①，此外，他认为市场是经济学中的制度性场所，政府是政治学中的制度性场所。显然，他的这一观点非常清晰地表明，经济学与政治学是不能相互脱离的。如果说他的观点是合理的，那么，市场与政府同样也是不能相互脱离的。政府是任何经济包括道德经济得以发展的主导力量。政府为市场建立法律制度和干预经济的政策、

① 巴里·克拉克．政治经济学——比较的视点［M］．王询，译．北京：经济科学出版社，2001：4.

措施等，从而引导道德经济的发展。在经济新常态下，我国道德经济的发展是通过发挥政府的主导作用来制导、调控市场，抑制市场的缺陷，从而为我国市场经济和活动于市场的广大企业真正走向道德经济创造条件。本章拟对中国道德经济发展应以政府为主导力量的依据、意义和方法作出论述。

第一节　作为一种政治制度的政府

作为一种政治制度或安排，政府在社会发展中的作用到底是什么，其相对于经济又到底扮演何种角色？对于这一问题，可以说，自政府诞生起，人们就一直在持续不断地探讨和争论，而且至今仍见仁见智。笔者以为，在人们贡献的许多种答案中，世界银行在其 1997 年的发展报告中给出的论断，非常值得重视，该报告指出："以政府为主的发展必然地失败了，但缺少政府的发展也必然如此。历史反复地表明，良好的政府不是一个奢侈品，而是非常必需的。没有一个有效的政府，经济和社会的可持续发展都是不可能的。"① 在此意义上看，良好的政府显然是经济和社会可持续发展的必要保障。

一、政府是历史发展的必然产物

从人类社会历史发展趋势上看，政府的产生并不是一个偶然事

① 世界银行.1997 年世界发展报告：变革世界中的政府·前言［R］.蔡秋生，等译.北京：中国财政经济出版社，1997：1.

件，而是一个历史发展的必然事件。然而，政府又是如何产生的呢？思想史上，在对该问题做出回答的众多经典著作中，最有影响力的当推近代英国著名思想家约翰·洛克的《政府论》，而对此做出科学回答的，则又是恩格斯的《家庭、私有制和国家的起源》。

洛克主张，统治者的权力应该来自被统治者的同意，建立政府的唯一目的就是为了保障社会的安全和人民的自然权利。他认为，人类天生是自由、平等、独立的，为了谋求舒适、安全、和平的生活，“安稳地享受他们的财产并且有更大的保障来防止共同体以外任何人的侵犯”，愿意服从大多数人的自由人将联合成共同体这一目的所需要的一切权利让渡出来，交给大于大多数人的任何人数。由此，人们脱离自然状态联合成一个共同体并创立了政府[①]。也就是说，人们是出于保护自己财产的需要，联合起来建立国家，并愿意置身于政府之下的，国家和政府建立的主要目的是为了保护他们的财产，反之，为了保护自己的财产，自由人加入国家并置身于政府的管辖之下。在一个人隶属于一个国家后，他的财产也加入了这个国家，他自身和其财产都受这个国家的政府统治和支配[②]。洛克坚信，人人皆有与生俱来的权利，这些权利包括人身、个人自由和拥有财产的权利，他声言，政府的主要目的是保护个人及臣民的财产。显然，他对政府是如何产生的这一问题的回答，更多的是在为其自由宪政民主思想提供辩护。

运用历史唯物主义的基本原理，恩格斯剖析了国家、政府出现的根本原因，认为他们是社会内部经济发展的结果，是出现了私有

---

① 洛克．政府论［M］．叶启芳，瞿菊农，译．北京：商务印书馆，1964：53－61.
② 洛克．政府论［M］．叶启芳，瞿菊农，译．北京：商务印书馆，1964：77.

制和阶级、阶级矛盾不可调和的产物和表现。如在希腊，当古代部落与部落之间的战争蜕变成的抢劫行为被视为正当的营生，财富被看作是最高福利而获得赞美和崇敬，改造古代氏族制度的目的是为暴力掠夺财富的行为辩护，这时，需要一个机关，该机关可以令氏族制度共产制传统不再侵犯财富，使私有财产合法化、神圣化，并认可私有财产的神圣化是“整个人类社会的最高目的”，让社会认同各种不断发展起来的获取财富的新形式。同时，该机关“可以使正在开始的社会划分为阶级的现象永久化，而且可以使有产阶级剥削无产者的权利以及前者对后者的统治永久化”①。这一机关就是国家。简而言之，有产阶级为了使自己的掠夺行为合法化，保留掠夺所获得的财富，并能继续剥削无产者，发明并设置国家来排挤氏族制度。为保护自己的利益，有产阶级用国家逐渐地排挤掉氏族制度，最后成功地取代了氏族制度。由此，恩格斯认为，国家“是社会在一定发展阶段上的产物”，是凌驾于社会之上，缓和冲突，维持秩序的力量②。也就是说，国家是有产阶层用来控制无产阶层的机关，在阶级冲突中出现，因而，它是“最强大的、在经济上占统治地位的阶级的国家”③，国家是社会内部经济发展的必然产物，是生产的发展、私有制的出现、阶级的形成和阶级矛盾不可调和的产物。

国家是在氏族组织解体的基础上产生的，与氏族组织既有联系又有区别，其异于氏族组织的主要有两点：（1）国家按地区划分其

---

① 恩格斯．家庭、私有制和国家的起源［M］．中共中央马克思恩格斯列宁斯大林著作编译局，译．北京：人民出版社，1972：106.

② 恩格斯．家庭、私有制和国家的起源［M］．中共中央马克思恩格斯列宁斯大林著作编译局，译．北京：人民出版社，1972：168.

③ 恩格斯．家庭、私有制和国家的起源［M］．中共中央马克思恩格斯列宁斯大林著作编译局，译．北京：人民出版社，1972：169.

国民；（2）国家设立公共权力机关。这是国家区别于氏族组织的本质特征。随着有产阶级和无产阶层间冲突的日益频繁和激烈，氏族组织中业已形成的以血缘为纽带，靠“自然发生的共同体的权力”维护，并主要以习俗为调整手段的氏族制度已不能维持社会的正常运转。社会的内部矛盾和冲突不断激化的局面如得不到缓解，整个社会将面临的是毁灭。为了避免社会的毁灭，“就需要一种特殊的社会力量”，用这种力量来缓和、控制社会冲突。以国家为表现形式的公共权力就是在这种情况下产生的。由此，马克思说：“随着城市的出现，必然要有行政机关、警察、赋税等，一句话，必然要有公共的政治机构。”① 公共的政治机构即政府，也就是说，为了防止社会内部矛盾和冲突恶化，维护社会秩序，统治阶级发明出了政府，用政府来代表国家行使权力。

政府是人类社会出现不同阶级后，随着国家的出现而产生的，是统治阶级以国家代表的身份对内实行政治统治和社会管理，对外进行国际交往，具有执行各项职能的机构。国家产生的根源告诉我们，国家的本质就是一个阶级对另一个阶级的统治工具。然而，每个国家的阶级内容是不同的，不同时代的不同国家，或者是同一时代的不同国家，甚至是同一国家的不同时代，掌握政权的阶级都在变化。由此，在不断更替的存在着阶级和阶级斗争的社会中，政府在发展的过程中也出现了不同的模式。

按不同的标准，可以把政府分为不同模式或类型。目前学界比较通行的是按性质把政府分为两类：民主型政府和专制型政府。马

---

① 马克思恩格斯选集（第一卷）[M]. 中共中央马克思恩格斯列宁斯大林著作编译局，译. 北京：人民出版社，1995：104.

克思从时间或历史的维度，对所有制或社会生产关系进行考察，并根据所有制形式的不同把人类社会的历史划分为不同的阶段，即部落所有制和国家所有制、封建的或等级的所有制、资产阶级的所有制以及未来共产主义所有制五个社会阶段。从人类社会发展的五个阶段来看，各个不同阶段的政府性质，部落所有制、国家所有制和未来的共产主义所有制中的政府类型为民主型政府，封建的或等级的所有制和资产阶级的所有制中的政府为专制型政府。纵观人类社会各类政府的发展史，政府类型在民主型和专制型之间转换，其基本线索就是从民主型政府到专制型政府再到民主型政府发展的历史。根据功能进行划分，政府模式经历了“专制型政府→放任型政府→管制型政府→服务型政府”的演变过程[①]。这四种不同的政府模式分别有其自身的特点：

第一，专制型政府。从时间上看，资本主义产生之前的政府是专制型政府。专制型政府模式具有的突出特点是，政府乃统治阶级专制统治的工具。奴隶社会和封建社会时期实行的都是专制统治。

第二，放任型政府。18～19世纪80年代是放任政府时期。近代资本主义兴起后，为了适应市场经济的发展，建立起放任政府模式。该模式是在专制政府成为资本主义市场经济发展的障碍，资本主义社会认识到只有改造专制政府模式才能大力发展市场经济，用于取代专制政府模式而主张建立的新模式。这一模式的特点是政府在最低限度内干预市场，放任经济自由竞争、自动调节、自由发展。

第三，管制型政府。19世纪80年代至20世纪70年代末是管

① 张尚仁．政府模型的历史演变与政府改革［J］．云南大学学报（社会科学版），2004（6）：60－66．

制政府时期。1929～1933 年，资本主义世界爆发的严重经济危机，使整个资本主义世界的经济陷入一片混乱之中，这次经济危机充分暴露出“自由放任”理论的缺陷。面对危机，政府的做法是制定并积极实施干预和调节财政、金融、货币、产业部门的措施，从而克服因“自由放任”带来的经济危机。同时，由于第一次世界大战和第二次世界大战的爆发，为了能满足战争的需要或统一调配有限的资源等原因，多国政府开始对国民经济实行战时控制。在多种因素的促动下，放任型政府开始了向管制型政府转变的历程。管制型政府的突出特点是，全面干预经济活动，其职能扩展到强化社会治安管理、发展社会公共事业、建立社会保障体系、重视社会医疗卫生、加强环境保护等各方面，政府的行政权力不断扩大。

第四，服务型政府。20 世纪 80 年代以来，当管制型政府在现实中陷入财政危机、管理危机、民众对政府的信任危机等多重危机而难以为继时，其已经失去了历史的合理性，成为被改造的对象，而改革政府就是要建立新政府模式。由此，管制型政府开始转向服务型政府。服务型政府就是“打破传统政府对公共服务的垄断，政府职能限制在一定范围，整个社会的管理，由政府、企业、各类社会组织和公众共同承担。政府的主要职能不再是对社会实行管制，而是为社会提供服务”①。

每一种政府模式在一定的历史时期都发挥着促进历史进步的重要作用，每当一种政府模式固有的弊端逐渐显露出来时，该政府开始表现出治理的力不从心，迫切需要一个新的能够替代，甚至最好

① 张尚仁. 政府模型的历史演变与政府改革［J］. 云南大学学报（社会科学版），2004（6）：66.

能超越现有模式的新政府，这时，一个积极的能迅速适应现有外部环境变化的新型政府管理模式应运而生。在当前的历史条件下，服务型政府应是政府模式管理演变的走向，服务型政府的建立应是政府发展的合理选择。

二、政府管理经济的经济杠杆

随着世界经济的市场化、全球化、信息化成为不可阻挡的潮流，加上社会管理主体的多元化、复杂化及知识经济的到来，各国政府为了顺应新时代要求，对政府机构和管理手段进行改革，建立服务型政府是当今大多数政府改革所确立的目标。

什么是服务型政府？我国学者刘熙瑞对其进行了清晰的界定，他认为："它（指服务型政府——引者注）是在公民本位、社会本位理念指导下，在整个社会民主秩序的框架下，通过法定程序，按照公民意志组建起来的以为公民服务为宗旨并承担着服务责任的政府。"[①] 连志慧对服务型政府的内涵也进行了探讨，他认为，服务型政府的内涵大致包括如下几个方面的内容：一是民本位，即政府要从人民的需求出发，始终以为人民谋取幸福为宗旨；二是准确定位为"服务者"，即在政府和民众的关系问题上，明确政府只是广大民众为使自身过上满意的生活而做出的制度安排，政府的存在是因为公众需要和社会需要，它必须服务于社会的进步和发展，增进社会福祉，政府的职责就是为民众和社会提供服务；三是明确权力界

① 刘熙瑞．服务型政府：经济全球化背景下中国政府改革的目标选择［J］．中国行政管理，2002（7）：5.

限，做有限政府，即政府要以公共服务为核心，其权力必须有明确的边界和使用范围，而不是渗透到社会的每个角落；四是与民主政治相匹配，即在服务型政府的管理下，民主将贯穿于公共行政的整个过程，在该模式中，民众能够安排权力关系并以此控制统治者，让其以公共利益为价值追求，从而为社会大众提供品质优良、效率高、方便快捷的公共服务，在此意义上，民主是服务型政府的最大特点，只有人民当家做主，才能更好地行使人民赋予的权力，从而维护民众的利益；五是做负责任的政府，即服务型政府必须带着强烈的责任意识行政，作为政治权力的拥有者，政府必须担负起与其权力相匹配的政治责任、行政责任、法律责任和道义责任，即是说，政府的一切公共行政行为都必须与公民的意志、利益和需求相契合，都必须对公民承担责任；六是服务程序公开，即服务型政府工作的内容和程序向民众公开，承认并保护民众的知情权；七是以法治为行为准则，即法治能有效地防止、束缚独断专横的政治权力，服务型政府的权力严格地受到法律的限制，其行为不得违反法律规定；八是追求高效，即服务型政府的运行遵循有效性原则，力求形成以效益为目标追求的政府模式①。

由此可见，政府不仅具有政治职能，还具有经济职能和社会职能，是具有多项职能的复合体，其中，政府所具有的经济职能是其职能结构中的基本组成部分，服务型政府以法治为行为准则，这就决定了政府首先主要运用经济杠杆来管理市场。

在市场经济条件下，政府通过运用经济政策和计划，通过对经济利益的调整来影响和调节市场经济活动，宏观调控的手段包括：

---

① 连志慧．论服务型政府的建构［D］．北京：中共中央党校博士论文，2009：19.

信贷、税收、价格、利率等经济杠杆。作为一种手段，经济杠杆保证市场的供需平衡，引导经济朝着既定方向运行它能以动态方式持续发挥作用，各种不同的经济杠杆又具有不同的功能。

第一，信贷杠杆。信贷杠杆是通过调节存款和贷款利率、筹集融通资金、确定贷款规模的方向等来实现的。其主要作用是通过对信贷总规模的调控，调控流通中货币的数量，有助于平衡社会供求总量。通过差别利率的运作，信贷杠杆可以抑制或鼓励某些行业和企业的发展，推动经济资源的优化配置和产业结构合理化，也可以较有效地控制投资的规模和方向，同时利用银行存款利率的升降变动，来改善社会总供求关系。信贷杠杆机制是通过贷款在不同部门和不同行业之间的分配和差别利率，压缩长线产品的生产，确保短线产品的发展，协调国民经济各部门之间及其内部的比例关系，从而保持国民经济平衡发展。

第二，税收杠杆。税收是只有政府能运用的宏观经济调控工具，其实质是国家运用政治权力占有一定比例的社会产品。通过各税种的组合、税种中分布的税收政策导向及税收征管体制而形成的内在合力，税收杠杆机制自动地作用于经济①。税收杠杆机制必须既具备制度的刚性，又具有政策的灵活性才能应对经济运行中出现的既要确保 GDP 总量增长，又要调整经济结构；既要保持适度的货币流动性，又要防止通货膨胀的发生；既要用房地产业拉动经济，又要防止房价上涨过快等“两难”局面。

第三，价格杠杆。价格杠杆作用的机制是通过一定的政策和措

① 厦门市国家税务局课题组．宏观经济调控中的税收［J］．税务研究，2011（308）：25.

施促使产品的市场价格发生变化，来引导和控制国民经济运行。价格杠杆以一系列比价和差价的形式在生产、流通、分配、消费环节发挥作用，以实现经济的持续稳定发展。在市场经济条件下，价格杠杆无疑是最为有效的调节手段。在产品的生产环节中，价格杠杆能有效地刺激或抑制产品的生产，并调整生产结构。通过价格来计算和反映国民经济部门之间的比例关系，从而实现国民经济的综合平衡。国家可以利用价格杠杆调整社会资源在各个部门之间、企业之间的配置，从而实现循环良好的社会再生产。在商品的流通环节中，价格杠杆起到良好的调节作用，其机制是通过商品差价和比价，影响经济主体的实际收入，引导企业改变商品流向和调整交换的规模和结构。在商品的分配环节中，价格的变动对国民收入具有分配的功能。在商品的消费环节中，价格杠杆主要从两个方面调节消费：一是价格水平的高低，关联到社会的消费量，影响消费总水平；二是不同商品之间的比价影响社会的消费结构。总而言之，价格杠杆是市场机制的重要组成部分，在调节资源配置、调整国家收入与支出比例、优化分配机制、引导企业参与国内外竞争、促进消费等许多方面都起着重大作用。

第四，利率杠杆。利率杠杆是通过调整利率来影响货币资金供求流向，从而调节国民经济的一种经济手段。利率杠杆具有诱导资源配置、显示政策信号、约束主体行为、调节经济行为等作用。

维护公平竞争的市场秩序是政府的职责所在，各种经济杠杆并不是单独发挥作用，而是相互配合，灵活变动，如当信贷杠杆和价格杠杆的效果未能达到期望时，政府就要考虑充分挖掘税收杠杆的潜能，以更好地平衡商品的供求，确保经济运行的持续稳定。

三、政府管理经济的法律制度

以法治为行为准则的服务型政府，还主要运用法律制度来管理市场。市场经济由价值规律自发地调节市场的运行，但市场调节具有盲目性的一面，因此，仅靠市场调节是远远不够的。同市场一样，法律也是调节市场经济不可缺少的重要手段，对市场经济起着保障、规范、导向、服务的作用。例如，公司法、个人投资法等法律用于防止垄断组织的出现，从组织上保证市场经济顺利发展，规范经济组织在经济交往过程中发生的经济关系；证券法、金融法、保险法、房地产法、环境法等法律用于干预市场经济运行过程中发生的经济关系；反垄断法、反不正当竞争法、消费者权益保障法等法律用于管理、规范经济秩序过程中发生的经济关系；税法、产业政策法、价格法、审计法等法律用于对市场经济运行实行宏观调控，协调各经济部门，使整个国家经济运行平稳。这些法律制度的主要功能在于，维护并保障市场经济的良性运转，其在市场经济中的调节作用，主要表现在以下几个方面：

第一，维护和保障市场契约的效力。市场经济是契约经济，它以市场作为资源配置的决定性方式，由众多市场主体组成，各市场主体必须通过与其他市场主体建立自愿、平等的契约关系，订立具有效力的契约，才能进行正常的经济活动，从而获得经济利益并发展自身。因此，市场契约的效力需要得到法律的维护和保障。

第二，建立和维护平等、公平的竞争环境。市场经济是竞争性经济，自由竞争是市场经济的核心，竞争是使经济得以发展的有力杠杆。自由竞争能充分激发市场的活力，使每一个人都能有机会、有动力去发挥自己的创业精神和创造能力，从而提高整个社会的劳动生产率。自由竞争可以创造更有效率的经济，可以开创繁荣之途。在市场经济条件下，公开、公平的激烈竞争能保证效率的提高。竞争必须遵循一定的规则，经济主体在追寻自身利益的同时不能有损害他人利益的行为，竞争固然要有自由，但也要有度，还要有序。否则，缺乏统一规则、无序无度的自由竞争只会转化成为不正当竞争，这又会导致市场行为的紊乱和市场秩序的混乱。因此，市场中自由竞争的顺利进行需要法律来保障。

第三，保障企业经营的自主性。企业是以盈利为目的，运用各种生产要素（土地、劳动力、资本、技术等），向市场提供商品或服务，实行自主经营、自负盈亏、独立核算，并依法设立的一种经济组织。法律赋予企业市场主体的资格，规范企业的财产所有权、资产责任，并维护和保障其自主性。

第四，协同国家进行宏观调控。计划经济体制的最大特点是政企不分，在这一经济体制下，国家主要以行政手段来管理经济。而在市场经济条件下，企业是市场经济的主体，企业与政府不存在依附关系，企业具有自主权，政府不得行政干扰或直接干预微观主体的生产经营活动，企业必须要真正成为自主经营、自负盈亏、自我发展和自我约束的市场竞争参与主体。政府要在尊重客观的经济规律基础上对经济进行合理的调控和科学、适度的干预。有别于计划经济条件下社会生产什么、生产多少、怎样生产、如何分配等经济决策的权利高度集中于政府，在市场经济条件下，政府则主要运用经济手段、法律手段，制定总的经济社会发展规划，力求实现经济总量的平衡和经济结构的优化。因此，在市场经济条件下，法律是政府对经济进行宏观调控的重要手段。

服务型政府以法治为行为准则，以各项经济法律制度维护和保障市场经济的运行，每一个市场主体必须依法行事，在法律面前得到平等的对待。在市场经济条件下，服务型政府通过一系列法律制度，更好地维护市场主体的应有权益，建立和维持良好的市场秩序，从而保障市场经济的良好运行，推动经济的健康、繁荣发展。

第二节　政府在中国道德经济发展中的主导责任

通过考察政府从产生到发展的历程，以及政府管理经济的制度工具，我们可以看出，政府的职能特别是经济职能处于不断地调整、变化和丰富之中。相对于市场及其配置资源这种功能而言，“政府本身也是市场的一种需要”①，其经济职能人们一般称为宏观调控或政府干预，而这种干预也呈示着政府的政治目标和道德价值追求。在特定的历史背景下，政府以特定的道德价值目标为导向来行使权力、管理和干预经济，反过来，这种价值目标也对政府有效行使经济职能具有导向性作用。张华夏说：“现代社会的经济离开市场、竞争和利润是不可思议的，但在这个基础上可以有很不相同的政府对经济的宏观调控，这取决于政府采用什么样的宏观调控的价值标准。”“在现实的社会经济生活中，社会伦理的影响通过政府

① 张维迎．市场的逻辑［M］．上海：上海人民出版社，2012：46.

的作用有着巨大的活动空间。”① 在我国道德经济发展中，政府同样具有相应的道德责任，从而起着引领经济道德化发展的主导作用，这种道德责任也可视为政府的道德价值观。只有我国政府切实践履道德价值观，合理干预市场，担当主导责任，为企业走道德经营之路创造条件，我国市场经济才能走上道德经济的良性化发展轨道。那么，政府在我国道德经济发展中到底承担着什么样的主导责任？

一、发挥公益性职能

亚当·斯密曾在《国富论》中阐明了政府对于经济的干预职能及其限度，他认为，政府不仅要保护社会不受其他独立社会的侵犯和设立严正的司法机关的责任，而且还必须“建设并维持某些公共事业及某些公共设施”②，这实际上就是说，政府要发挥公益性责任。政府对经济领域各经济主体有着非常重要的影响，其行为在经济领域主要体现为，它可以通过其经济管理部门，运用国家政权的力量，对社会经济发展进行管理（包括领导、组织、协调、控制等）和监督。在市场发挥决定性作用的市场经济体制下，政府主要对市场主体的经济交往及其发展进行统筹规划、制定和实施法规、政策指导、控制协调、检查监督、引导服务等。而相对于市场这一私人领域来说，政府往往代表的是公共利益，具有增进公共服务，平衡市场与社会公众的关系及其利益的基本责任。这种基本责任实际上是政府公益性的体现，我国经济新常态下通过市场来发展道德

① 张华夏．道德哲学与经济系统分析［M］．北京：人民出版社，2010：199.

② 亚当·斯密．国民财富的性质和原因的研究：下卷［M］．郭大力，等译．北京：商务印书馆，1972：253.

经济，显然需要政府更好发挥作用，而这又需要政府发挥公益性责任来引导市场。那么，市场为什么需要政府公益性引导呢？

政府公益性实质上是政府职能的体现，而政府职能也即是增进效率、维护公平正义和推动可持续发展（经济学界一般简称“效率、公平和稳定”或“效率、公平和可持续”），这种职能之所以必要，是为了克服市场缺陷的需要。市场经济发展的历史证明，斯密言说的受“看不见的手”引导的市场秩序和帕累托所勾勒的“帕累托最优态”从来就没有出现过，其原因即在于市场自身具有其无法克服的缺陷，即市场失灵。市场失灵理论强调：“公共物品、准公共物品、自然垄断、外部性和其他因素（最近增加了信息不对称因素）都会导致私人市场的资源配置功能失灵。这种失灵经常被视为经济疾患，而政府则被看作是诚信博学的医生，能够对症下药，治愈疾患。因此，这些理论呼吁政府干预经济，以纠正市场失灵。”①具体说来，这些原因主要有：其一，市场自身及市场力量都无法提供并实施其所必需的规范秩序的规则，而这种规则只能由政府建立并执行。公共选择学派布坎南就明确主张，“政府应当建立清晰的规则，以指引人们的行为”，这种规则即政治和法律框架，“包括监管、政策工具和监管机构，其中监管机构应不受政治干预”②。从这一意义上看，相对于市场来说，政府就正如米尔顿·弗里德曼所说的，既是规则确立者又是规则裁定者。其二，市场自然而然地发展必定会导致资源集中于少部分人，从而形成垄断。公共管理学者休

---

① 维托·坦茨．政府与市场——变革中的政府职能［M］．王宇，译．北京：商务印书馆，2014：4.

② 维托·坦茨．政府与市场——变革中的政府职能［M］．王宇，译．北京：商务印书馆，2014：351.

斯说：“当某个领域出现了垄断性供应者，则竞争的优越性将无从体现，并会出现剥削消费者的潜在可能性，这都要采取政治行动……自然垄断的存在仍为政府的某种形式的干预或国有化提供了合理性。”① 其三，信息的不对称、不完备是市场的基本特点，这导致市场主体无法及时、准确地相互了解，无法预测主体间的市场行为而趋于盲目，从而无法实现利益最大化。而此时如果政府出面搜罗信息并提供给市场主体，就可以让市场主体在市场活动中不会盲目行动。其四，社会所需要的公共秩序、交通设施、安全保障等公共产品，是市场按照自身运行机制所无法提供的，因为市场上活动的主体大多是受自身利益最大化驱动而行动的，同时，作为经济繁荣之重要表现的充分就业，是市场无法实现的，效率与公平的平衡等，也是市场无法兼顾的。而解决这些问题的经济政策，只能由政府来制定和引导，其他各种办法如公共财政、税收杠杆、产业政策、转移支付、经济计划等也只能由政府来提供。其五，当今世界已步入经济全球化时代，任何经济体都不能回避这一趋势，都在同一市场中开展经济交往。而全球性的经济交往是一种合作，同时也是竞争。面对这种竞争，任何市场主体都不能也无法仅凭自身力量去赢得优势，也无力对抗。这样，政府对于国内宏观经济稳定和国家经济安全的维护就是完全必要的了。因此，市场的这些无法克服的缺陷决定了政府对经济的宏观调控，对市场的干预的必要性。英国著名经济学家凯恩斯也正是在这一意义上大力强调，政府是社会经济秩序的缔造者。而政府的这一职能对于市场主体来说，就是政府的公益性。

---

① 欧文·E. 休斯. 公共管理导论［M］. 彭和平，等译. 北京：中国人民大学出版社，2001：115－116.

但随着过去近一个世纪特别是近60年来，以市场失灵给政府干预提供理由的观点受到严厉批评，同时这也导致政府支出大幅度上升。人们甚至认为，市场失灵决定政府干预的必要性的观点是错误的。但是，政府作用即政府公益性是必要的，只不过其依据发生了变化。维托·坦茨说："随着时间的推移，市场会越来越发达，以致有可能满足社会公民更多的需求。正是由于市场变得更加复杂，它对政府干预的需求也相应有所变化。"① 市场一方面能够充分满足公众不断增长的需求，但另一方面又必定有失公平。在此种情况下，"如果政府致力于提升市场效率和公平性，而不是以市场失灵为借口来代替市场，那么，政府支出和税收职能就会大大弱化，同时，还能给社会公众提供更多、更好的公共服务和公共物品。"② 因此，社会公平问题越来越成为政府干预经济的重要理由。政府干预、政府职能与政府作用在实质上是一致的，社会公平问题构成它们的理由，从而也构成它们的道德依据，而这种依据从另外一个角度看又可以转换为一种道德责任。这样，政府公益性也就转换为政府具有促进社会公平正义的特性。在这一意义上，我国以政府公益性来引导市场，也就是以社会公平正义来引导市场，从而使市场经济走上道德经济之路。

有必要交代的是，政府公益性必须以社会公平正义为约束条件。也就是说，政府公益性不是没有限度的。政府公益性既不能像过去那样完全以提供公共服务和社会福利水平为借口，包办一切；也不

① 维托·坦茨．政府与市场——变革中的政府职能·前言［M］．王宇，译．北京：商务印书馆，2014：3.

② 维托·坦茨．政府与市场——变革中的政府职能·前言［M］．王宇，译．北京：商务印书馆，2014：3－4.

能类似于斯密所提出的“守夜人”式的政府，袖手旁观，随意放任。前一种会导致政府支出扩张、税收高企，从而出现横向不公平，妨碍消费者按照个人偏好作出选择的自由，也会妨碍政府自身因社会负担沉重从而无法按照意愿实施政策的自由；后一种奉行的是自由主义，而自由主义导致的后果的严重性已暴露无遗。在当今我国政府要更好发挥作用，把市场经济引向道德经济，其公益性就在于：为市场提供透明性和更多、更好、更有用的信息，使人们选择服务具有更好的条件；对市场特别是金融市场加强监管；真正帮助社会弱势群体，为其提供资金支持，使他们改善生活状况。

二、维护公平正义

无论是古代的思想家、哲学家，还是现代的学者们，都从不质疑：对于制度性的现象来说，正义是一种首要的道德价值，是人类社会正常运转的必要条件，是维系社会秩序和塑造良好社会风尚不可或缺的伦理智慧，人们对正义理想的追求和探索也处于不停歇的状态中。政府是一种典型的制度性机构：一方面，作为一种政治制度安排，“政府似乎很适合用来通过增进自由、追求公正、平等和秩序”[①]；另一方面，作为一种经济制度安排，虽然“维护公正是公民们承认政府权威的一个原因，但政府也追求效率、增长和稳定这些经济目标”[②]。政府的这种政治目标和经济目标是统一的，而不是

① 巴里·克拉克．政治经济学——比较的视点［M］．王询，译．北京：经济科学出版社，2001：15.

② 巴里·克拉克．政治经济学——比较的视点［M］．王询，译．北京：经济科学出版社，2001：19.

对立的。经济目标是政治目标的基础，政治目标是经济目标的条件。政府的政治目标即政治上的道德责任就是维护公平正义，这主要有以下几个方面的理由：

第一，公平正义是政府成立的价值依据。现代社会，任何政府都是以服务为诉求，都建立在民主体制之上，都应将自身定位为服务者，其存在是社会公共利益发展并得到合理分配、处置的需要。亚里士多德认为公平正义是“以公共利益为依归”①，大卫·休谟认为公共福利是公平正义的唯一源泉，近代启蒙思想家大多将政府统治的立场和出发点是否是以公共利益作为判断一个政府统治是否符合公平正义的价值标准。现代政府以公共利益的最大化为管理理念，以经济杠杆和法律制度为手段，以公共资源的良好配置为目标，力图提供优质的公共产品和优良的公共服务，从而满足社会公共利益的需要。也就是说，社会公共利益即公平正义是现代政府成立的价值依据。

第二，公平正义是现代政府性质的体现。人民本位是现代政府的指导理念，为公民服务是其宗旨，社会权利和公共资源的合理分配是其目标。人民本位是现代政府最鲜明的特点，执政为民是其基本要求。现代政府要确保其民主性质，需要不断提高其民主程度，而提高民主程度需要做到两点：（1）确保政府行政人员选举的公正，保证政府官员真正代表人民利益；（2）确保政府行政人员按照大多数民众的意愿办事，维护广大民众的利益，广大民众具有有效地剥夺不称职或违背法律、制度的政府行政人员的权力。只有真正做到选举公正，真切实现、维护和发展广大民众利益的政府才是以民为本的服务

① 亚里士多德．政治学［M］．吴寿彭，译．北京：商务印书馆，1983：153.

型政府，而选举公正、维护民众利益即公平正义，可见，公平正义是现代政府的本质特征，是其行政理念追求的道德价值目标。

第三，公平正义的实现是现代政府功能有效发挥的结果。现代政府要发挥良好功能就是要实现公平正义。从政府产生的历程来看，其出现是因为社会的需要和民众维护自身利益的需要，政府是为社会和民众提供服务的工具，其存在是为了促进社会的发展和进步。现代社会要求政府必须是增进全社会福祉的“服务者”，为社会和民众提供服务是政府设立、运行和革新的目的。因此，服务是现代政府最基本的价值追求，服务于社会和民众本身即公平正义，也就是说，公平正义的实现是现代政府功能得到有效发挥而形成的优良后果。

维护公平正义不仅是政府要履行的政治上的道德责任，也是政府要履行的经济上的道德责任，只有有效履行经济上的道德责任，才能实现政府的效率、增长和稳定等经济目标，也才能实现我国道德经济的发展。那么，政府如何在经济上维护公平正义？

第一，尊重和保护产权，保障企业等市场主体的自由平等权利。所谓产权，是指企业等市场主体对财物所拥有的所有、支配、处置和获益的权利，它首先是一种经济权利，但同时也是企业等市场主体的生存权、发展权、自由经营权，是企业等市场主体平等自由价值的体现，尤其是公平正义得以实现的前提和基础。因此，清晰而严格的产权制度及其保障体系是市场经济正常运行的先决条件和基础性前提。但是，提供这种产权制度及其保障体系靠市场机制自身是无法做到的，而必须政府来提供。所以，尊重和保护产权是政府维护经济上的公平正义应该履行的道德责任。

产权是市场经济得以开展的起点，只有产权得到尊重和保护，企业等市场主体才能独立占有产权，从而才能独立地自由决策；产权是市场经济得以持续的根本动力，只有产权得到尊重和保护，人们才会在利益动机的驱使下，积极地从事经济活动，勇于开展竞争；产权是市场经济条件下自由平等价值的根基，只有产权得到尊重和保护，企业等市场主体才能在市场上进行自由平等的交换，达到互利互惠的结果。洛克认为，生命、自由和财产权是人的基本权利，保护这些权利是国家的基本的道德责任。罗斯巴德对此评论道，在洛克看来，“物质资源的私人财产权是通过第一次使用建立起来的。每个人的自我所有与自然资源的首次使用或‘占有’，这两个公理确立了整个自由市场经济的基础，即‘自然性’、道德和财产权……因为如果某人拥有财产，他就有权用它与其他人的财产相互交换，或者有权把它赠予愿意接受的人。这一演绎链条建立了自由交换与自由契约的权利、赠予的权利，因而建立了市场经济完整的财产权利结构”①。其后，斯密也是在这一意义上来延续这种思考的。市场经济作为契约经济，其关键的诉求就在于契约能够得到切实遵守，而产权就能够保证承诺得到履行。市场主体拥有产权，就可以进入交易，就可以签订协议，就可以借助契约确立规则，划分权利和义务，就可以拒斥任何异在的干预。因而，在重视市场主体必须通过正当途径获得产权的同时，也必须尊重和保护产权，尊重和保护产权也是在保障企业等市场主体的自由平等权利。而尊重和保护产权的规则及其保障是由政府和社会机构来供给的。如果说，尊重和保护产权是经济正义原则的要求，那么也可以说，政府

① 默瑞·N. 罗斯巴德. 亚当·斯密以前的经济思想——奥地利学派视角下的经济思想史（第一卷）［M］. 张凤林，等译. 北京：商务印书馆，2012：495.

为其提供保障则是政府推动道德经济发展应该履行的道德责任。

第二，建立公正的市场竞争规则，形成正当竞争秩序。现代市场经济条件下，政府“不仅仅是仲裁者，为规范经济活动而制定并实施规则；它也是经济活动的参与者，而且实际上是主要的参与者”[①]。作为经济活动的仲裁者，政府的道德责任就在于为市场建立起并实施公正的竞争规则；作为经济活动的参与者，政府的道德责任就在于遵守竞争规则，为广大企业等市场主体率先垂范。这是政府作为我国道德经济发展的主导力量的重要职责所在。

市场经济是一种强调按贡献、能力分配的经济，抽象地看，这种分配原则既公平又合理，因为市场交换以等价交换、平等竞争为规则，投入大、耗费少、成本低、质量高者，获益就多，即汰劣奖优。这种分配原则能极大调动市场主体的积极性，提高效率，增进社会财富。因此，效率的提高与正当合理的市场竞争秩序并不对立，而是统一的。如果两者出现冲突，原因只能在竞争机会、条件、手段上去寻找，比如只有不平等的机会、条件和不正当的手段才会造成秩序失范而导致低效率。竞争不正当、秩序失范不仅导致低效率，而且导致社会不公平，影响市场化进程，还会侵害主体的自由权利。因为“市场化的推进有利于提高效率，也有利于创设自由”[②]，反之，阻碍市场化进程就是阻滞自由。我国社会主义市场经济实践证明，现实市场中主体明显感觉到权利受阻、自由不彰，根本原因就在于改革还需要进一步纵深推进、全面深化，消除计划体制残余，加快市场化进程，突显市场体制的应有状态。同时，缩减

① 世界银行. 1997年世界发展报告：变革世界中的政府［R］. 蔡秋生，等译. 北京：中国财政经济出版社，1997：30.

② 何建华. 经济正义论［M］. 上海：上海人民出版社，2004：487.

行政直接干预，拓展社会主导范围。只有如此，一个权利义务划分公平，道德关系有序，平等、自由、健康竞争的经济社会秩序和伦理秩序才是可以期待的。

为了形成这种正当竞争秩序，提高效率，确保市场主体的平等自由权利，就需要一种维护社会正常的经济交往关系的权威力量出场，这就是现代社会得以确立的基石即法律制度体系。“现代经济关系就是一种法律、契约关系，而市场主体的自由就是‘在法律范围内活动的自由’。在现代法治社会中，体现权利平等配置和平等保护的法律正义，总是同经济正义密切联系在一起。市场经济条件下的自由、平等、公平的理性原则，既是经济活动的基本原则和经济正义的内在属性，同时也是法律运作的基本原则。”[①] 法律制度体系就是正当的市场竞争规则，它有两种维度：一是市场主体在自己求利活动中与其他市场主体互动、博弈而形成的法律制度；二是政府根据市场需要在宏观调控市场活动中有意设置的法律制度。其目的在于形成正当健康竞争的市场秩序。因此，就前一种法律制度体系而言，维护其得到有效实施是政府的道德责任；就后一种法律制度体系而言，不偏不倚地公平设置和制定是政府的道德责任。只有如此，政府才在我国道德经济发展过程中真正发挥了主导作用。

三、遵循新型“责任伦理”

政府作为一种制度安排，在主导我国道德经济发展过程中，是应该以社会责任为伦理价值追求的。这种社会责任就是对我国人民

① 何建华．经济正义论［M］．上海：上海人民出版社，2004：488.

大众的责任。这种责任在现当代社会体现为一种新型“责任伦理”，它既包括经济责任，也包括保护自然资源和环境的责任；既包括对当下的人民大众的担当，也包括对人民大众的子孙后代负责，因而具有深厚的道德内涵。

从经济伦理学角度看，新型责任伦理是一种伦理价值观念体系，其核心价值精神即是一种整体责任意识、未来责任意识。当代责任伦理学大师汉思·约纳斯认为，随着人类进入科学技术高度发达，经济交往明显依赖，环境条件紧密联系这种时代，过去那种不曾考虑人类整体生存的世界性条件和长远未来的伦理学已严重不适应了，因此必须发展出一种以未来为导向的新的责任伦理。这种责任伦理“除了人与人之间关系意义上的义务之外，还要有对人类的义务，特别是对未来人类的尊重、责任与义务”①，它既要把目前活着的当下人民大众即当代人当作道德责任的对象，也要把尚未出生的人民大众的子孙后代即未来人也当作道德责任的对象。当代人和未来人一起构成人民（类）整体。而这种道德责任的主体既包括过去责任伦理所强调的个体主体，也包括当下社会中的团体、组织、政府，甚至整个社会。从这一意义上看，政府是道德责任的主体，也是践行新型责任伦理的主体，更是主导道德经济发展的力量。

既然政府是践履新型责任伦理的主体，而我国政府目前正致力于建立服务型政府②，服务型政府的本质又是一个“与经济转型、社会转型相适应，以人为本的现代政府”③，因此遵循新型责任伦理

① 甘绍平，余涌主编．应用伦理学教程［M］．北京：中国社会科学出版社，2008：26.

② 第十六届六中全会公报。

③ 迟福林，方栓喜．加快建设公共服务型政府的若干建议（24 条）［J］．经济研究参考，2004（13）：43.

构成服务型政府的重要的道德实践活动之一。

第一，遵循新型责任伦理是服务型政府“以人为本”治理理念的贯彻。新型责任伦理以人口素质的提高、资源的永续利用、环境的保护为前提，其核心是承担满足人民不断增长需要的责任，提高人民生活质量的责任和促进人的全面发展的责任。服务型政府成立的逻辑，是其权力来自人民的让渡，政府和人民之间实质上是委托方和被委托方之间的关系，政府不过是一个以广大民众的需求包括物质生活需求为中心，力图为其提供高质量、高效率的经济服务的公共行政服务组织。政府必须尊重人民的主体地位，保障人民的各项权益包括经济权益，促进人的全面发展。可以说，以人为本是服务型政府角色定位的基本原则，满足人民需求，为人民谋取幸福是其宗旨。由此，以满足人民需要，促进人的全面发展为追求的新型责任伦理，正是服务型政府“以人为本”治理理念的贯彻。

第二，遵循新型责任伦理能促进服务型政府职能的有效实现。新型责任伦理要求社会从两个方面满足人民的需要：一是提高生产潜力，二是确保每人都有平等的机会①。这两点正是服务型政府的职能所在。服务型政府是民众为了自身能过上满意的生活而做出的制度安排，其存在就是为了满足民众的公共需求，维护和增进社会利益。而提高人民的生产潜能，是满足民众公共需求的重要方式，同时，高度的生产率要与每个人的平等机会共存，才能真正促进社会利益的增长。因此，新型责任伦理能促进服务型政府职能的有效实现。

第三，遵循新型责任伦理是服务型政府既对当代负责同时也对

① 世界环境与发展委员会. 我们共同的未来［M］. 国家环保局外事办公室，译. 北京：世界知识出版社，1980：20.

未来负责的体现。服务型政府是公共权力的执行者，首先必须对公众负责，但是，公众不只是当代人，也包括后代人，政府不仅要保障当代人的权益，也要维护后代人的权益。新型责任伦理与可持续发展理念有着极为密切的关系，与可持续发展理念相一致，同样强调在满足当代人需求的同时，后代人满足其需要的能力不能受到危害，在考虑当前发展需要的同时，要考虑未来发展的需要，不以牺牲后代人的利益为代价来满足当代人的需求，关注当代人内部的社会公正和各代人之间的社会公正。因此，通过追求可持续发展以承担社会责任，践履新型责任伦理，正是服务型政府既对当代负责同时也对未来负责的体现。

第三节　政府引导道德经济的方法

在当前经济新常态下，中国发展道德经济在市场平台上发挥企业主体作用的同时，必须政府更好发挥主导作用，只有这样，社会主义市场经济才是能够发挥内在优越性的优良经济体制。习近平提出："使市场在资源配置中起决定性作用和更好发挥政府作用，二者是有机统一的，不是相互否定的，不能把二者割裂开来、对立起来，既不能用市场在资源配置中的决定性作用取代甚至否定政府作用，也不能用更好发挥政府作用取代甚至否定使市场在资源配置中起决定性作用。"[①] 那么，在发展道德经济的过程中，我国政府如何

① 中共中央文献研究室编．习近平关于社会主义经济建设论述摘编［M］．北京：中央文献出版社，2017：59.

发挥主导作用呢？这需要我国政府在中国特色社会主义民主政治制度和法律制度的约束下依法行政，调节资源配置方式并加强市场监管，提供优质公共服务。

一、在政治和法律约束下依法行政

依法行政是政府承担发挥公益性职能、维护公平正义、遵循新型责任伦理等主导责任的重要体现，是指政府根据法律法规设立行政机关，各行政机关依照法律法规取得和行使行政权力，并对其行政行为的后果承担相应责任。它是我国建立服务型政府的重要组成部分，是我国政治、经济及法治建设发展到一定阶段的必然要求，也是市场经济走向道德经济这一目标对政府活动提出的基本要求。

改革开放以来，在我国经济建设取得巨大成就的同时，多种社会问题也相继暴露，社会的主要矛盾发生变化，当前，我国社会的主要矛盾是“人民日益增长的美好生活需要和不平衡不充分的发展之间的矛盾”，这样的时代背景下，依法行政具有重大意义。

首先，依法行政有利于政府机构设置和职能配置的优化。依法行政包括行政管理意识的法制化、行政职权的法定化、行政编制的法定化、行政程序的法定化和行政责任的法定化，能理顺政府各机构之间的职责关系，将党和国家机构职能体系、党的领导体系、武装力量体系、群团工作体系等作统一部署和安排，从而优化政府机构设置和职能配置。

其次，依法行政有利于推进国家治理体系和治理能力的现代化。政府机构设置不合理、效能不高和职责越位、缺位或错位等问题影响和制约其治理的成效。反之，科学的机构设置、明确的职责分配、高效的治理能力能明确政府治理体系的改革的方向、目标和内容等，从而完善政府的治理体系，提高其治理能力。国家治理依靠政府治理的具体实施和行政实现，国家治理体系的建设水平高低和程度深浅体现为政府的治理水平。因此，政府治理的规范化、程序化和法治化，运用法治思维和法治方式行使国家权力，不断提高科学治理、民主治理、依法治理水平是推进国家治理体系和治理能力现代化的必经之路。

再次，依法行政有利于促进市场在资源配置中起决定性作用、更好发挥政府作用。依法行政要求政府在法律法规的约束下实施行政行为，有助于预防和阻止行政权力的缺失、滥用和行政管理水平的提高。政府依法加强和改善宏观调控、市场监管，反对垄断，促进合理竞争，维护公平竞争的市场秩序，能有效破除各种体制机制弊端，促进市场在资源配置中发挥决定性作用。

最后，依法行政有利于保障广大人民群众的根本利益，因而具有明显的道德性。依法行政能充分保障人民群众的权利。社会主义法制体现人民的意志，保障人民合法权益，规范和约束人们的活动，制裁和打击各种危害社会的不法行为，以维护人民群众利益，保障人民当家做主为宗旨。因此，依法行政的出发点和落脚点都是广大人民的根本利益。

社会主义市场经济本质上是法治经济，依法行政为道德经济发展目标提供有力机构保障。在社会主义市场经济下，应从以下几个方面实现依法行政：

第一，加强经济领域的立法工作。注重经济法律制度建设质量，提高依法行政的正当性。在立法工作中，坚持认识和把握经济社会发展的规律，根据时代变迁和形势变化调整和修改法律法规，增强法律制度的科学性、合理性和可操作性。确保人民群众广泛参与到立法过程中，充分吸收人民群众的意见和建议，满足其合理诉求，保障其合法权益。法律法规必须集中体现效率、公正、可持续发展的社会价值。只有在良好的法律制度下，人民群众才有推动依法行政的主动性和积极性。

第二，合理配置宏观管理部门，明确政府职能。科学有效的宏观管理是完善社会主义市场经济体制的必要条件。在市场经济条件下，合理配置宏观管理部门的职责和权限，完善政府宏观调控体系，创新调控方式，有利于市场在资源配置中起决定性作用、更好发挥政府作用。政府行政机关严格依据法律法规行使职权，有利于杜绝行政人员的任何越权行为，确保所有行政行为于法有据。如此，一方面通过宏观调控克服市场调节存在的自发性、盲目性、滞后性等固有弊端；另一方面，明确政府职能防止政府对市场的过度干预，提高资源配置效率，增强市场环境的公平性，充分释放市场活力。

第三，完善依法决策机制。避免决策权力过分集中，防止出现政府部门集决策权、执行权、监督权于一身，群众意见和专家咨询论证只是流于形式、走过场。积极推进科学民主决策，制定重大行政决策法定程序，将公众参与、风险评估、专家论证、集体讨论、合法性审查纳入其中，确保决策制度的科学性、决策程序的正当性、决策过程的公开性。

第四，健全行政执法体制。合理配置执法力量，推进综合执法，提高执法人员素质和执法效率，确保“有法必依、执法必严、违法必究”的落实。实施行政执法责任制，明确不同部门及机构、岗位执法人员执法责任和建立责任追究机制，加强执法监督，坚决严惩执法腐败现象。用健全的行政执法体制维护市场规则，在良好的市场准入规则、市场竞争规则和市场交易规则下，建立和完善市场秩序。

二、合理调节资源配置方式并加强市场监管

政府以维护公共利益和扶持弱势群体以维护社会公平正义为逻辑起点，运用行政权力在宏观层面上通过制定法律法规、公共政策、发展规划和公共财政等间接形式配置公共资源，更好发挥政府在资源配置中的作用可以从以下几个方面着手：

第一，明确政府可配置的资源。由于我国在过去的很长一段时间里实行的是计划经济体制，形成了政府在社会资源配置中的强势地位。当前，尽管我国的经济体制已经实现了从计划到市场的转轨，但是计划经济时期政府角色的影响深远，导致政府在资源配置中职能越位、错位、缺位现象时有发生。因此，在市场经济条件下，既要避免政府包揽本来应由市场机制发挥作用的私人资源的配置，又要防止政府未发挥其在资源配置中应起到的作用。因此，要明确政府可配置的资源类别和领域。具体而言，需要区分政府职能和市场功能，分清政府和市场是两种不同的资源配置主体，作为资源配置主体的市场通常运用市场机制（市场规律和价值规律），主要通过自由公平的竞争和交易来实现对排他性私人资源的配置。作为资源配置的政府则一般运用行政权力机制对公共资源实施配置。与政府配置相比，市场配置更为直接和微观，而相对于市场配置而

言，政府配置是宏观的[①]。

第二，建立公共资源配置长效机制。政府必须构建科学、合理、规范的公共资源配置长效机制，即能长期保证公共资源配置正常运行并发挥预期作用的制度体系，具体措施如下：一是建立规范、稳定、配套的公共资源配置制度体系；二是建立推动公共资源配置制度正常运行的监督制度。

第三，创新资源配置方式。社会主义市场经济条件下，政府配置的资源主要是公共资源，公共资源名义上为政府所有，实质上是政府代表国家和全民拥有。这类资源主要包括：自然资源、经济资源和社会事业资源等。政府要将手中握有的资源进行良好的配置，必须根据各类公共资源的不同情况和特点，对其进行明确的划分，创新资源配置方式。

第四，制约并监督政府配置资源的权力运作实施。政府通过行政手段和经济手段，使资源得到良好的配置，为微观经济运行创设好的宏观环境，推动市场经济正常运行，均衡发展。政府进行宏观调控就是其配置资源权力运作的过程，为了促进公共资源配置更高效、更公平、更可持续，其权力运作要得到制约和监督，从而实现公开、透明。具体措施如下：一是完善管理规则，规范政府配置资源的权力范围，明确规定其可为、不可为事项。二是优化市场环境，着力构建服务效率高、规则规范统一、政策公开透明、监督有力规范的公共资源交易平台体系。依托大数据、云计算等信息技术，加快推进交易过程电子化，实现交易公开透明及信息共享。如此，监督和防范政府配置资源权力滥用的发生，实现公共资源的良好配置。

---

① 金家厚．深化社会资源配置领域的改革［J］．开放导报，2013（6）：20.

经济发展新常态下，消费已经成为带动经济增长的重要因素之一，然而，正当我们沉浸在消费需求持续增长、消费结构升级、消费拉动经济作用明显增强的喜悦中时，国人在国外的消费增长速度超过国内消费增长速度的现状却让人们意识到：中国人更倾向于海外产品的消费。究其原因，主要是国内消费市场存在种种问题：一是企业诚信意识淡薄，市场经济秩序混乱，假冒伪劣产品屡禁不止；二是山寨产品横行，企业创新难；三是产品标准和层次低，质量和安全问题频发；四是消费者权益易受侵害，维权成本高；五是企业违法成本低，产生逆向选择；六是与海外消费增长迅猛相对，国内消费增长缓慢，经济增长依赖投资①。

国内消费市场出现的这些问题暴露出的是市场监管的不足，加强市场监管能增强市场经济的内在活力、规范市场秩序、维护公平竞争、维护消费者权益、保护人民群众利益、培育可持续发展的消费市场，能促进我国经济与社会的持续、健康、稳定发展，对推动道德经济的发展具有重要的作用。当下，我国市场监管要与经济发展新常态相适应，结合经济与社会发展的实际，实现市场监管的科学性和有效性。

第一，以激发市场活力和创造力为理念，建立职能完备、分工合理的政府市场监管体系。以竞争政策贯穿经济发展全过程为导向，厘清政府市场监管职责和权界，避免其对竞争性领域的不当干预。具体方法是：（1）完善市场监管法律体系，明确政府市场监管范围、目标和手段；（2）明确市场监管机构的法律地位、职权职责，制定相应的法律程序和方法。

① 王健，林立．加强市场监管扩消费稳增长［J］．法治政府，2017（5）：35－37.

第二，以公平、公正为导向，加大社会共同治理力度，强化社会化监管。市场经济条件下，面对数量众多、分布广泛的经济主体，政府市场监管的资源和力量是有限的。因此，除了健全的经济法律制度和强有力的市场监管机构，社会力量也不容忽视，需要充分调动这部分力量来监管市场，以实现对市场交易行为全方位的监督管理。具体措施为：（1）发挥行业管理的作用，促进经济主体自律。培育各类市场主体组成行业管理组织，鼓励其与政府市场监管部门进行有效交流，并制定、完善行业规范，促进行业信用建设和行业守信自律，防范和打击假冒伪劣、坑蒙拐骗等各种不正当行为，遏制和消除市场的无序和混乱，使其成为维护市场秩序的辅助力量。（2）拓展公众与社会监督的渠道和方式。通过多种方式鼓励公众依据法律法规监督各类市场行为，从而更好地维护市场秩序。（3）推动信用体系建设，构筑信用信息平台。加强企业信用制度建设，设立有效的市场监管信息互动平台，保证信用信息及时向社会发布，对经济主体实施信用管理，用信用推动市场交易，失信行为必须承担违规责任并受到惩罚。

第三，以维护消费者权益为目标，完善消费者维权机制。维护消费者权益，保护人民群众利益是政府市场监管的重要目标。经济新常态下，政府市场监管的思路要从以往更多地强调生产，注重投资者、生产者利益的保护，转变到重视消费者权益上来，从以下几个方面改革消费者维权机制：（1）要求生产销售企业负责举证证明产品质量；（2）设置多个投诉渠道；（3）简化消费者投诉程序；（4）建立消费者投诉奖励制度。

第四，以调动社会各界参与市场监管的积极性为出发点，建立严格的奖惩制度。建立市场监管激励机制，制定奖励制度和惩罚制度，对遵守并自觉维护市场秩序的各类市场主体给予鼓励，同时，要坚决按规定打击和制裁违反法律法规的市场主体。鼓励积极参与市场监管的公众、团体和组织，并按其影响和贡献大小给予相应的奖励，只有这样才能全面调动社会各界参与市场监管的积极性。

三、扩大公共服务提供渠道

政府职能转变是政府发挥主导作用的有效途径，政府功能从管制型转向服务型，公共服务供给状况的好坏是衡量其职能转变是否成功的一项重要指标。当前，在我国经济社会转型，发展道德经济的时期，建设服务型政府是政府管理体制改革的目标。服务型政府以满足公众需要和社会需要为出发点和落脚点，服务于社会的进步和发展，增进社会福祉，其职责就是为民众和社会提供优质公共服务。为了提供更多更好的公共服务，政府需要做到以下几点：

第一，明确政府提供公共服务的义务，厘清其职责范围。我国正处在经济高速发展转向高质量发展的阶段，政府的经济实力明显增强，其公共服务供给能力不断提高，目前，关键要明确政府公共服务供给的义务，理清其职责范围，力图为公众和社会提供高效、优质的公共服务。

第二，改变公共服务由政府单一提供模式，转向政府、社会和企业共同承担的多元化提供模式。实现公共服务提供主体的多元化有利于改进公共服务水平和质量。政府单一提供公共服务存在多种弊端，如因其非营利性而导致的生产效率低下、由自然垄断和管制性等因素导致的垄断等。公共服务提供主体的多元化为公众提供多种自由选择的机会，将形成政府、社会和企业间的竞争，良好的竞争秩序是主体改进服务和质量的最大压力，也是最大动力。

第三，实现公共服务供给的市场化。利用市场的竞争机制、价格机制、供求机制和约束机制调动社会资源参与政府公共服务的供给，以达到政府使用较少的资源，花费较低的成本提供数量更多、质量更佳的公共服务目的。

第四，发挥社会组织在公共服务供给中的独特作用。公众对公共物品的需求具有多元性，除了政府和市场能提供的公共服务外，还有一些需求，如教育资源的合理配置、环境保护、特殊困难群体的社会救助等，需要社会组织发挥其作用。社会组织既不受制于政府，也不受制于私营企业，“他们是民间的，不必行动划一，因此可以为需求较高的人群提供额外的公共物品，为需求特殊的人群提供特别的公共物品，从而满足政府和市场都满足不了的社会偏好”①。

总之，只有在中国特色社会主义民主政治制度和中国特色社会主义法律体系的引导和规范下，建设职责明确、依法行政的政府治理体系，促进市场在资源配置中起决定性作用，更好发挥政府体制、机制作用，以高质量发展为中心建设现代化经济体系，强化政府经济调节、市场监管、提供优质公共服务职能，才能为道德经济的发展提供有力机构保障。

① 王绍光．促进中国民间非营利部门的发展［J］．管理世界，2002（8）：46.

第六章

中国道德经济发展的参与力量

经济效益和社会效益是道德经济的两个重要目标,除了效益外,公正和社会责任也是道德经济的重要价值追求。我国发展道德经济,就是要实现对公正价值的追求,而要达到公正目标,除了需要企业充分发挥主体性作用,政府发挥主导性作用之外,还需要社会组织在相对于市场和政府的社会层面发挥参与性作用,因为社会组织具有平衡社会利益冲突、协调各方行为、增进社会福利、促进社会公平等作用。社会组织所具有的公益、团结和参与的伦理属性能弥补政府主导作用的不足和缺失,改善市场化造就的社会不公,推动市场经济向道德经济发展。社会组织参与作用的发挥是一个社会良好运行的前提条件,其感召公众、说服人心的特性能为道德经济的发展营造和创设良好的社会环境。在经济新常态下,我国发展道德经济,一方面要借助市场经济体制下企业主体作用和政府主导作用的发挥;另一方面需要广大社会组织积极参与,以自身的道德优越性制衡市场,作为一种社会权力来平衡资本权力和政治权力,抑制和治疗市场失灵和政府失灵,从而为我国企业真正走向道德经济创造条件。本章拟对中国道德经济发展需要广大社会组织积极参与的依据、意义和参与方法作出论述。

第一节　当代社会“市场—政府—社会”的三维结构

自改革开放以来，中国经济结构在两方面发生了深刻的变化，一是所有制的改变，国有经济逐步缩小，各类私营民营经济蓬勃发展；二是市场机制在资源配置中发挥着越来越重要的作用①。随着经济结构的改变，整个社会结构也发生了巨大变化，强政府或政府独大的局面被打破。改革推动了市场经济的兴起。在市场经济逐渐壮大，政府从一些领域退出的同时，新的问题却不断出现：随着市场经济的发展，包括人自身（人力资源）在内的一切都在商品化，商品化带来了一系列社会问题，人们也越来越缺乏社会归属感。而这些是政府和市场都不能解决的问题，在寻求解决之道时，社会组织逐渐出现在我们的视野中。

一、社会组织：当代社会结构的第三维

长期以来，人们对政府和市场在经济中角色的讨论和研究经久不息，在经济领域政府和市场作用孰优孰劣、孰轻孰重的争论中，政府和市场成为人们关注的重心。由此，造成了在很多人的看法

① 王绍光．促进中国民间非营利部门的发展［J］．管理世界，2002（8）：45.

中，社会由两个方面组成：政府和市场，是这两个方面相互抗衡或颉颃。然而，“一个民主的社会旨在平衡个人的、集体的与公共的需求”[①]。事实上，政府为我们提供保护和基础设施，市场为我们提供消费产品和就业机会；政府满足人们的公共需求，市场满足人们个人需求。而除了政府和市场，社会还有一个重要的方面或维度——社会组织。一个社会要实现真正的民主和平衡，政府、市场和社会组织三个方面缺一不可。如果将政府看作是一个社会的公共部门，市场（企业）看作是一个社会的私营部分，那么社会组织则是这个社会的第三个方面。社会组织与政府和市场三者之间相互监督、相互促进、相互依存、相互补充，形成“市场—政府—社会”三维结构，共同促进整个社会的进步。

政府在经济中的宏观调控作用是抑制“市场失灵”的良方，自由竞争的市场是“政府失灵”的药方。从历史发展的进程来看，经济领域的变革呈现出政府作用发挥到极致，充分暴露其致命弱点时，市场作用被挖掘、重视；而当市场作用发挥到极致，其缺陷凸显时，政府作用又被重提、重启。经济领域中政府作用和市场作用似乎就处于这种不断地此起彼落的更替中。然而，事实上这只是政府力量和市场力量之间较量的外在体现。当把目光投向政府和市场之外，我们会发现，社会组织挑战现状的自主权、更为灵活和平等的组织形式、不受组织架构约束的活动能够有效遏制市场和政府之间力量的此消彼长之势，有效促进政府、市场功能的发挥，与政府和市场一起发挥作用保持整个社会的平衡。

第一，挑战现状的自主权。社会组织概念是政府、市场之外的，

① 亨利·明茨伯格．社会再平衡［M］．北京：东方出版社，2015：41.

对传统非政府组织、非营利组织、第三部门、民间组织或公益组织等称谓的改造，这些组织是人们为了实现某个特定的目标而有意识地组合起来的社会群体，通常采取社会行动或进行社会活动的方式来实现目标。从此意义上看，社会组织概念就代表着大量的活动，这些活动包括为争取某种权益的社会行动、救助某类群体的活动、抗议某种不能接受的事情的社会运动等。由于其不属于国家机关，不受公共部门的控制，因而这类组织具有挑战现状的自主权，从而使这类组织的活动在公共部门的控制和私营部分的期待中获得了相对的自由。

第二，更为平等和灵活的组织形式。社会组织的一个最大特点是其所有权既不为国有，也不为私有。有些社会组织的所有权为其会员所有，如美国农场主协会是农场主自愿参加并组织起来的非营利性机构，合作组织为其成员所有；欧洲专业合作社是农户为应对独自经营、面向市场的风险和困难而联合组成的合作经济组织，其所有权为会员所有。更多的社会组织则不为任何人所有，如各类基金会、非政府组织、自愿组织、慈善组织等。由于社会组织的所有权为其成员所有或不为任何人所有，组织成员之间更加平等，其运行也更为灵活，民主管理、平等合作是社会组织的运行原则。在社会组织所具有的平等特性下，成员不需要正式的“被授予权力”，会倾向于投入工作。

第三，不受组织架构约束的活动。跟公共部门和私营部分相比，自发组织起来的社会组织的组织架构是非正式的，其机构设置、职责权限、工作程序等方面没有统一的标准，组织活动很少被结构化。社会组织中不乏一些自发自愿组织起来应对某类疾病的群体、应对自然灾害的群体或者聚集在一起抗议某些不公平、不公正举措的群体。如在我国2008年的汶川大地震救援工作中，跟国家救援队相比，民间救援队大部分是志愿者，反应速度非常快，省去了许多派遣流程，能第一时间到达现场，进行救援。

挑战现状的自主权、更为灵活和平等的组织形式、不受组织架构约束的活动是社会组织优于公共部门和私营部分的方面，是其显著优势，正是因为具有这三点优势，当社会组织在一个社会中处于恰当的地位时，能适时弥补公共部门在社会服务供应能力上的不足，大力改善私人部分在社会公益方面的“失灵”，社会组织与公共部门和私营部分协作，能帮助他们抑制并克服缺陷。可以说，一个社会的平衡离不开社会中公共部门、私人部分和社会组织三者的良好互动，当政府、市场、社会组织在社会中处于恰适的位置，民众能从公共部门获得保护和公共基础设施提供的便利，从私人部分获得个人需要的商品和服务，从社会组织中获得归属感和良好的专业服务。当权力在政府、市场和社会形成的三维空间中基于民众的需求流转，民众个人的、集体的、公共的需求得以满足时，社会平衡才能得以实现。

二、社会组织的基本特征

社会组织概念起源于西方，人们在使用该概念时，已习惯于将其与多个概念相互指代，如非营利部门、社群领域、民间组织、第三部门、市民社会、志愿组织、公益组织、慈善组织、非政府组织（NGO）等，由此可见，社会组织概念具有极强的包容性。此外，在不同的社会、经济、文化背景下，人们对社会组织有着各自不同的理解和定义，其组织形式也是多种多样，这也造成了该概念内涵的模糊性。

2004 年，社会组织概念首次出现在我国官方文件中，党的十届全国人大二次会议政府工作报告在强调推进政府职能转变时提出："要加快政企分开，进一步把不该由政府管的事交给企业、社会组织和中介组织，更大程度地发挥市场在资源配置中的基础性作用。"① 报告明确了社会组织概念是政府、市场之外的，对传统的非政府组织、非营利组织、第三部门、民间组织或公益组织等称谓的改造。在此意义上，学者们试图对社会组织概念进行界定，如于显洋认为，社会组织指的是："在现代社会中，为了实现特定的目标而有意识地组合起来的社会群体，它只是指人类的组织形式中的一部分，是在政府、市场之间发挥服务、沟通、公证、监督等作用的非政府组织（non-governmental organization）、非营利组织（non-profit organization）、第三部门（the third sector）、志愿组织（voluntary organization）、公益组织（public service organization）、慈善组织（charitable organization），等等。"② 赵伯艳认为："社会组织是指由公民自发成立的，位于政府和市场之外的，具有民间性、非营利性和社会性的组织形式。"③ 耿玉倩认为："社会组织是指不以营利为目的，由社会成员自愿组成并具有稳定的组织结构与良好的管理与运行机制，并最终实现共同目标的各类组织。"④ 从以上关于社会组织的不同定

---

① 十届全国人大二次会议政府工作报告［J］. 党的建设，2004（4）：7.

② 丁显洋．组织社会学（第二版）［M］. 北京：中国人民大学出版社，2009：8.

③ 赵伯艳．社会组织在公共冲突治理中的作用研究［D］. 天津：南开大学博士学位论文，2012：18.

④ 耿玉艳．社会组织参与扶贫的机制研究［D］. 武汉：华中师范大学硕士学位论文，2015：9.

义可以发现，虽然不同领域研究者关于社会组织的定义稍有差异，但是关于社会组织的三个共同点是大家普遍认可的，这也是社会组织区别于其他组织的显著标志：（1）不以营利为目的；（2）不属于政府体系和市场体系；（3）具有民间性、志愿性、行使和追求特定共同目标。符合上述三个典型特征的组织被人们界定或视为社会组织。

基于上述，本书尝试性地对社会组织作如下界定：社会组织是指政府和市场之外，不以营利为目的，社会成员为实现特定的目标而自愿组合起来的团体或群体。这一定义具有以下三点内涵：

第一，社会组织是当代社会结构的第三维。如果将政府看作是一个社会的公共部门，市场（企业）看作是一个社会的私营部分，那么社会组织是这个社会的第三个方面或维度。社会组织与公共部门和私营部分三者之间相互促进、相互依存、相互补充，共同促进社会进步，形成“市场—政府—社会”三维结构。

第二，盈利不是社会组织的目的。社会组织跟其他组织一样，其活动当然有着明确、特定的目标，但从其本质上看，与其他组织相较，社会组织是服务性的，其建立的目的不是为了牟取利润或利益最大化，而是为了服务于大众和社会，推动改革和创新、促进社会进步、实现价值维护。

第三，社会组织的成员具有志愿参与性。与其他组织对照，社会组织的设立不带有强制性，社会成员按照自己的真实意愿，独立自主地选择、决定是否参与或成立社会组织。

社会组织在形成和发展的过程中也体现出了一些异于其他组织的特性，多年来，学者们在不同学科视阈下，从不同的角度对社会组织的特性进行了讨论和描述。

政府行为和非营利部门研究的国际专家，美国学者莱斯特·M.萨拉蒙（Lester M. Salamon）对全球42个国家的社会组织进行了比较研究[①]，他认为社会组织具有五个基本特征：一是组织性。社会组织有一定的制度和结构，而不是临时聚集到一起的群体。二是非政府性，即民间性。社会组织在制度上与国家相分离，不是政府的组成部分。三是非营利性。社会组织不以盈利为最终目的，可以盈利，但其盈利不是用来分配给组织成员，而是用于完成组织的共同目标。四是自治性。社会组织独立处理组织内部事宜，有自己的内部管理制度和程序。五是志愿性。社会组织不是按法律要求组成的，而是社会成员自愿参与、自发成立[②]。经济学教授、法国学者雅克·迪夫尼（Jacques Defoumy）认为，非营利部门即社会组织，有五项基本特征：一是它们是正式的，具有一定程度上的组织化，一般都具有法定特征；二是它们是私人的，不同于政府和那些由政府直接建立的组织；三是它们是自治的，有自己的规章和决策机构；四是它们不能将利润分配给成员、董事或者任何“所有者”。这种“非分配性约束”是所有关于非营利组织的研究论述的核心内容；五是它们必须投入一定的时间和财力来参与志愿活动，必须建立在成员自由和自愿加入的基础之上[③]。

我国学者张尚仁从政治学角度提出社会组织具有四点共性：一是合法性。这是指在国家法律许可下，社会组织是经法定程序登

① 莱斯特·M. 萨拉蒙未使用社会组织概念，他在文中的表述是“市场和国家以外大范围的社会机构”，认为“这些机构被冠以‘非营利的’‘自愿性的’‘公民社会的’‘第三的’或‘独立的’部门”，按他的叙述，这些机构就是社会组织。

② 莱斯特·M. 萨拉蒙. 全球公民社会——非营利部门视界［M］. 贾西津，魏玉，译. 北京：社会科学文献出版社，2002：3，4.

③ 雅克·迪夫尼. 从第三部门到社会企业：概念与方法［J］. 经济社会体制比较，2009（7）：115.

记，具有法人身份，独立承担民事责任的实体。二是自主性。这是指社会组织是面向社会自主提供相关服务的组织。三是自律性，即自我管理性。这是指社会组织在政府管制之外，只服从法律，不受组织外的其他组织管理。四是服务性。这是指社会组织设立的目的不是为了赚取利润，而是为社会提供多样性的服务[①]。王洪波认为社会组织（其称之为社群）的内涵可以概括为：为了共同的目的而自愿结成的关系体。他提出社会组织具有两个重要特点：一是目的优先性，即社会组织以共同目的为最高和最广追求。二是个体自愿性，即每个个体都是平等的，其行为是出自自己的本意[②]。盛红生、贺兵认为社会组织（其称之为非政府组织）主要特征有三点：一是独立性或自主性，即社会组织在充分自主的程度上做出决定的自由；二是非营利性，即社会组织不以营利为目的；三是组织性，即社会组织有明确的宗旨和使命[③]。张继恒从行政法的角度，将社会组织（其称之为非政府组织）的特征概括为四点：一是非政府性，即民间性。社会组织是面向广大社会受益者的公共服务机构，其没有像政府组织般以征税等手段获取资金的运作方式和自上而下的等级体系，没有独占性的权力控制和支配机制。二是非营利性。社会组织不以牟利为行为动机，不通过以营利为目的的经济活动来获得其赖以存在和发展的物质资源。三是自治性。社会组织不受外界的操纵和控制，完全由其内部成员依照其组织章程或协议来决定有关

---

① 张仁尚．“社会组织”的含义、功能与类型［J］．云南民族大学学报（哲学社会科学版），2004（2）：29.

② 王洪波．误读与澄明：政治哲学中的“社群”与“社会”——一种关系性思维的考察方式［J］．南昌大学学报（人文社会科学版），2012（4）：13.

③ 盛红生，贺兵．当代国际关系中的“第三者”——非政府组织问题研究［M］．北京：时事出版社，2004：41－52.

事务的权能，实现组织的自我约束、自我规范、自我管理和自我控制。四是公益性。社会组织设立的基本目的在于通过承担公共事务而促进社会公共利益的实现[①]。王新明认为社会组织作为独立于政府体系和市场体系之外的社会第三种力量，主要有三个基本特征：一是非政府性。社会组织独立决策，运作机制上遵循选优汰劣原则，组织结构为网络式、扁平式。二是公益性。社会组织的经营活动收入用于服务公众。三是社会性。社会组织主要从事教育、扶贫、就业等社会性工作，而且以社会公众为服务对象[②]。

通过以上关于社会组织特征的考察，综合国内外学者的相关研究，本书认为社会组织所具有的不因背景的不同或随着其发展或成熟而改变的基本特征有以下几点：

第一，组织性。社会组织是人们围绕一定的目标，互相协作、共同活动的团体，有明确的宗旨与使命，组织性是社会组织的根本特征。其组织性体现在两个方面：一是有常设机构，二是有组织章程。社会组织一般都有以章程形式出现的行动规范，其成员按规范开展活动。行动规范约束组织成员的行为，维护组织活动的统一性。组织中实行高度的分工与协作，严格的规范将成员各自独立的行动有机结合，保证成员之间的相互配合、组织的正常运转和保证组织目标的完成。

第二，民间性，即非政府性。社会组织独立于政府组织之外，不属于国家机关，不是由国家设立或用国有资产举办，而是由群众自发成立的民间组织，民间性是其显著特征。首先，在成员构成

---

① 张继恒．非政府组织的行政主体地位研究［D］．南昌：南昌大学，2016：73－76.

② 王新明．中国特色社会建设视域下的社会组织研究［D］．青岛：中国石油大学，2014：19－20.

上，社会组织的成员大部分来自群众之中，开展活动依赖群众的支持和合作。其次，在公共关系上，社会组织与他人的交往不受政府的影响，其公共关系由组织自己决定。最后，在运作机制上，社会组织必须遵循选优汰劣原则，不能为公众提供良好服务，得不到公众信任和认可的社会组织将会被淘汰。社会组织的民间性使其可以更加独立并灵活地开展组织活动。

第三，非营利性，即公益性或互益性。相对于市场化运作的企业而言，社会组织的运行不以营利为目的，而是以社会公益事业、慈善事业和社会服务事业为宗旨，以实现某种公益或互益的价值目标，非营利性是社会组织必须遵守的行为准则，是其本质特征。首先，社会组织的经济活动所获得的利润和收益不是拿来分配给成员、董事或者任何“所有者”，而是用于实现组织的目标。其次，社会组织既不是国有也不是私有的团体，其收入主要来自社会捐赠，其产权为公益产权，为会员所有或不为任何人所有。最后，收益回报不能作为组织的激励方式，其利润用于组织目标的实现或组织的发展，而不是分配给组织成员。

第四，志愿性。社会组织是社会成员自发成立的，并非由法律强制规定组成，志愿性是其鲜明特征。一方面，社会组织的成员主要通过吸纳志愿者来获得。另一方面，社会组织的物质资源主要通过社会捐赠等方式从社会中获得，社会捐赠是自然人、法人或其他团体自愿无偿的行为。

第五，自主性。社会组织有做出决定的自由，具有意志自主性，不受外界操纵和控制，自主性是社会组织的重要特征。社会组织的自主性源自其具有的三个优势：一是依靠自己获取财政支援，具有财政上的相对独立性；二是其财政来源广泛，如企业捐赠、会费收入、政府拨款等，由此，社会组织不会受制于特定的捐赠者；三是与广大群众密切联系。社会组织的成员来自群众，其服务于群众，易得到广大民众的支持与合作。社会组织的自主性主要体现在四个方面：(1) 拥有独立目标；(2) 可自行制定发展规划，自己寻找和决定合作伙伴；(3) 具有人事的自主任命权力；(4) 活动不受外界制约，可自行决定组织项目的进展与开展方式。社会组织的自主性表明其是与政府、市场相并列，独立存在的组织体系，有正式组织机构和人员，有规范的章程以及相对独立的收入来源，拥有一定程度上的自治权。

由于社会组织在不同的背景下有着不同的形式，其概念的界定也比较宽泛，因此理解社会组织的基本特征显得尤为重要。对社会组织共有特征的考察有助于我们更深入地了解社会组织。

三、公益、团结、参与：社会组织的伦理属性

越来越多的社会组织活跃在全球社会的舞台上，以自身的使命凝聚并赢得组织内外的共识，推进社会的变化。纵观这些大量存在并不断发展与增多的社会组织，虽然它们面对的是不同的政治、经济背景，但从经济伦理学角度看，这些社会组织都具有共同的伦理属性，其中最为主要的有三个：公益、团结和参与。

第一，公益。20 世纪 90 年代以来，伴随着经济全球化的迅猛发展，社会组织在社会服务、环保、权益保护、扶贫发展、社会救助等领域发挥着越来越大的作用，致力于维护社会公共利益。

例如，绿色和平组织[①]以阻止伤害人类赖以生存的地球环境，实现人与自然的和谐相处为宗旨。2015 年 2 月，绿色和平组织与我国北京大学公共卫生学院联合发布报告《危险的呼吸 2：大气 PM2. 5 对中国城市公众健康效应研究》，揭示全国 23 个省会城市和 4 个直辖市（不含港澳台地区）因大气 PM2. 5 污染造成的超额死亡率，并呼吁各地将保护公众健康作为制定大气污染治理政策的重要考虑因素，提速 PM2. 5 污染治理进度。绿色和平 PM2. 5 城市排名工作进入第二年，基于环保部监测数据、绿色和平于每季度独立发布的中国 367 个城市的 PM2. 5 排名得到国内外媒体与公众的广泛关注。2016 年 11 月 7 日到 18 日，绿色和平作为观察员参加马拉喀什气候大会，敦促 197 个缔约方乘着《巴黎协定》快速生效的东风，开启摆脱化石能源拥抱可再生能源的征途。

人道主义救援一直是社会组织活动的一项主要内容。在过去的 25 年里，美国人道主义救援和发展组织凯尔国际[②]的乡村储蓄和贷款协会（VSLA）模式不遗余力地帮助低收入妇女改善生活。为了使 500 万妇女和男子能够组建和管理生活改变团体，该组织推动了一项妇女首先参与，再吸引非政府组织、银行、政府和捐助者参与的全球储蓄运动。在东非，凯尔国际正在利用移动技术来支持 VS-LAs。已能让 1. 3 万个 VSLA 模式，通过移动电话访问银行服务，这意味着超过 25 万名成员拥有他们的第一个银行账户。在此基础上，

① 绿色和平组织诞生于 1971 年，该组织是社会组织中规模最大的组织之一。资料来源：绿色和平组织网站，http：//www. greenpeace. org.

② 凯尔国际是美国人道主义救援和发展组织，起源于第二次世界大战结束后美国对欧洲的人道主义救济行动。其宗旨是“为世界最穷地方的个人和家庭服务”，希望通过“加强自助能力，提供经济机会、分发人道主义紧急救助物品、在各个水平上影响决策、反对一切形式的歧视”来促进持久的变化发生。资料来源：凯尔国际网站，https：//www. care – international. org.

凯尔国际正在开发一个专用移动应用程序，它将允许小组管理他们的交易记录，访问银行服务，并获得一个值得信赖的凯尔代表的咨询支持。通过提供易于访问的实时数据，小组能够更有效、更准确地管理其交易并开辟新的可能性。预计到2021年，将有超过100万组的成员使用移动应用程序，由此提高他们的生活水平①。

社会组织在社会服务领域的作用在日益增大。无国界医生组织1971年在法国巴黎成立以来，致力于为冲突、天灾、疫症的受害者，以及被排拒于医疗体系以外的人群，提供必需的医疗护理。作为一个独立自主的非营利组织，无国界医生现与全球超过60个国家开展救援项目②。

由以上各社会组织的宗旨和其活动内容可以看到，作为独立于政府、市场之外的第三维，社会组织关注社会公共福利和社会未来的发展，以促进社会上不特定多数人的利益或社会全体利益为己任，活跃在世界舞台上。

第二，团结。社会组织是由那些为了共同目标而相互联系在一起的众多个人组成的团体，是多个个人的集合，具有广泛的社会吸纳性，整合了多元化的民间资源，其社会目标就是以联结为纽带，将组织成员聚拢在一起，相互支持与合作，这种联结、聚拢、支持、合作，用伦理学语言来表达，就是团结。1971年，带着抗议核试验、阻止核试验的使命，自称为“绿色和平”组织的12人租下一艘长24米的渔船“菲利斯·科马克”（Phyllis Cormack）号，这群人有着不同背景，其中包括工程师、音乐家、科学家、医生和木

① 资料来源：凯尔国际官网，https：//www. care – international. org.
② 资料来源：无国界医生官网，https：//msf. org. cn.

匠等12个不同行业。他们中有来自温哥华太阳报的记者罗伯特·亨特（Robert Hunter）、加拿大广播公司的记者本·梅特卡夫（Ben Metcalfe）和来自佐治亚直言报的鲍勃·卡明斯（Bob Cummings）。他们在往阿拉斯加以西近岸的阿姆奇特卡岛前行的途中，不断向新闻媒体发出报道。绿色和平的这次行动唤起了民众对阿姆奇特卡岛核试验的反抗意识，在民众的强烈反对下，尼克松总统在第二年不得不宣布取消核试验计划①。绿色和平组织成功地联合社会各方力量，阻止了核试验的开展。

加拿大受害者中心（CCVT）的工作人员有三种类型：机构内部的工作人员，大量专业工作人员和300多名志愿者。这些人具有不同国家背景，大多数是难民，其中一些是经受磨难的幸存者。共同的经历使工作人员之间、工作人员与服务对象之间毫无障碍，也使其服务更加职业化。CCVT借助为难民提供心理健康和再安置的连续性服务，将分散的个人关联团结成一个整体，进而加深人们对难民被庇护权利的了解②。

团结以各种方式将组织成员维系在一起，它既是社会组织形成的条件，又是社会组织的伦理属性。

第三，参与。社会组织是民众参与治理的有效途径。越来越多的事实向我们证明，产业化、市场化手段并非是万能的，在教育、养老、医疗、公共文化等社会公共服务领域，人们的需求日益丰富，产业化、市场化的运作不能予以满足，只会不断拉大收入差距，导致社会服务和机会平等差距的进一步扩大。民众以自愿和非

① 资料来源：绿色和平组织官网，http：//www. greenpeace. org.
② 资料来源：加拿大受害者中心官网，http：//ccvt. org.

营利的方式组织起来，参与社会服务提供、社会公共事务管理，一方面能分担国家责任，平衡国家权力，另一方面能防止“理性经济人”对社会的过度侵蚀，弥补市场失灵造成的严重后果。

目前，众多社会组织通过与政府、企业或其他社会组织的互动，积极参与到社会公共服务的提供和公共事务的管理之中，如绿色和平组织通过电子邮件，将信息传送给那些重要的企业与政治决策者，并与违反生态环境保护工作的企业对抗；基督教青年会与世界各地政府与企业建立合作关系；国际组织与各国政府、企业及非政府组织建立合作关系；国际灾难志工组织与各国政府合作；国际关怀协会在某一国家待数年，就会与该国政府订定正式的合约，若是属于紧急援救的方案，则会进行实时帮助。

社会组织以源自社会的力量和资源，力图广泛参与社会公共服务的提供和社会公共事务的治理，改变产业化、市场化所造成的社会不公。

四、社会组织：市场的制衡力量

社会组织是一个平衡社会中不可或缺的重要组成部分，主要运用社会力量，广泛地参与社会公共事务的管理和社会化服务的提供。在市场发挥决定性作用和更好发挥政府作用的同时，社会组织力图与政府、企业和其他组织互动，积极发挥其公共服务的提供和社会公共事务管理作用。相对于象征私人利益的市场、代表公共利益的政府，社会组织则代表的是集体利益，肩负着平衡政府与市场之间关系的重大责任。这种责任实质上是社会组织道德性的体现，也是其优越性的体现，我国经济新常态下通过市场来发展道德经济，在更好发挥政府作用的同时，要积极发挥社会组织的作用，而积极发挥社会组织作用就表现在以社会组织的道德优越性制衡市场经济，以道德力量平衡各方利益。那么，市场为什么需要社会组织来制衡呢？

如前一章所论述的，市场失灵的出现产生了对政府干预的需求，然而，政府自身行为也有缺陷，其对市场的干预也存在政府失灵的可能性，政府对市场经济活动的干预过多，必定会导致其财政支出增加、税收负担加重。此外，“值得注意的还有亚历克西斯·德·托克维尔的警示：通过自发努力而无法满足的需求，成为政府干预的借口，政府干预带来了控制，控制带来了极权主义”①。政府权力过大，就会控制市场经济活动，必定会抑制市场的发展，阻碍市场体系的完全形成，干扰市场配置资源的功能。张维迎说：“市场经济的内在矛盾在于市场体系自身包含着反市场的力量——政府。这是一种‘异化’。市场要有效地运行，不能没有政府；但政府力量的扩张，可能导致市场本身的毁灭。”② 如果政府行为不是一种积极作用且不能得到有效节制，不仅可能导致政府失灵，还有可能带来市场失灵，造成更多的问题，影响经济社会的发展。因此，政府对市场的干预必须有一定的限度。

那么，政府干预市场的限度在哪里？或许我们可以从詹姆斯·C. 斯科特“生存伦理”的研究中获得启示。通过对前资本主义时

---

① 维托·坦茨．政府与市场——变革中的政府职能［M］．王宇，译．北京：商务印书馆，2014：23.

② 张维迎．市场与政府——中国改革的核心博弈［M］．西安：西北大学出版社，2014：264.

期东南亚农民生活状况的深入了解，斯科特发现农民发展起来的互惠模式、强制性捐助、公用土地、分摊出工等社会安排，有助于弥补家庭资源的欠缺，共同体内以“生存第一原则”“公平原则”为导向的再分配机制为农民提供了最低限度的生存保障①。东南亚农民为应对其“生存需求”所采用的方式表明了两点：一是面对社会需求，大多数社会成员会自发组织起来应对，用社会准则来发动人们按照一定的理念行事；二是除了政府能做出一定社会保障安排外，其他制度安排也能为民众提供较为充分的社会保障。在相同的意义上，1972 年诺贝尔经济学奖获得者、美国经济学家肯尼思·阿罗提出：集体行动不单单只有政府行动②。事实上，伦理道德等方面的社会行为准则会促使社会成员团结起来，以弥补市场失灵。当市场的资源配置功能失效时，已有的社会行为准则会推动人们团结起来，维护社会的公平性。

如果一个社会的社会组织能良好运行，发挥应有作用，政府应卸下部分责任，一方面，社会组织能充分调动社会资源，满足民众更多的社会期待，更好地达到政府公共计划所追求的目标。另一方面，政府卸下支出责任，可以更好地、更多地专注于市场效率的提高和市场监管的加强。这里需要强调的是，政府卸下支出责任，并不代表着政府对社会组织发挥作用的部分就放手不管，而是要及时转变其职能，不再用行政权力，而是用经济政策予以监管，即“政府应该为公民提供更多、更好、更有用的信息，为公众选择社会服务创

---

① 詹姆斯·C. 斯科特. 农民的道义经济学：东南亚的反叛与生存［M］. 程立显，刘建，等译. 南京：译林出版社，2013：3.

② Arrow，Kenneth J. The Organization of Economic Activity：Issues Pertinent to the Choice of Market versus Nonmarket Allocation［J］. Public Expenditure and Policy Analysis，2007：106.

造条件……在金融监管和提供信息方面”① 发挥作用，“应该为那些真正‘值得救助的穷人’（客观上无法工作的人）提供资金支持（即专项款），以使他们能够从市场上购买必不可少的基本服务”②。

社会组织的吸引力在于公益性、广泛的社会吸纳性、团结性和参与性，以共同价值观为基础，实现社会资源配置的高效率，维护社会的公平正义和承担社会责任。在此意义上，社会组织自身就是道德经济。在新常态下，我国发展道德经济要充分发挥社会组织的作用，以社会力量来约束市场力量，抑制市场机制的副作用，以社会组织的社会权力来平衡政府的政治权力，从而发挥市场在资源配置中的决定性作用，更好发挥政府对社会经济发展的管理和监督作用。

第二节　中国道德经济发展的社会治理背景

自改革开放以来，在政府的大力推动和民间力量的催化下，我国社会组织异军突起，不断发展与壮大。但也不得不承认的是，我国社会组织虽然历经四个阶段的不算短的发展时间，但也囿于我国国情特殊性的限制，社会组织的成长与繁荣仍遭遇多个方面的困难，即目前我国社会组织的发展滞后于市场经济的发展，而且不能满足民众多样化的需求。尽管如此，人们也高兴地看到，社会组织已逐渐在推动市场经济的发展和完善，协助政府工作等方面发挥重

① 维托·坦茨．政府与市场——变革中的政府职能［M］．王宇，译．北京：商务印书馆，2014：28－29．

② 维托·坦茨．政府与市场——变革中的政府职能［M］．王宇，译．北京：商务印书馆，2014：29．

要作用。当前，社会组织的发展已纳入我国政府职能转变的工作内容，成为我国加强和创新社会治理的核心议题。而这一社会组织发展的社会治理背景为我国发展道德经济提供了良好可能性空间。

一、中国社会组织的发展现状

20 世纪 80 年代，随着改革开放的进行，中国社会组织开始发展，然而相关研究却很少。到 90 年代，国内外研究者开始关注中国的社会组织，当时对社会组织的称谓有多种，流行的概念有“社团”“市民社会”等。直到 21 世纪，社会组织的研究才成为中国学术界的热点。回顾中国社会组织发展的历史，大致可分为四个阶段：

第一阶段是 1949 年中华人民共和国成立到 1978 年十一届三中全会。在各类社会组织中具有崭新意义的社会组织是科学普及协会。该协会是全国科学大会召开后，在科技发展和经济建设需要的推动下，由政府积极倡导，为学术交流和学科发展搭建的平台。

第二阶段是 1978 ~ 1989 年。改革开放后，中国的政治、经济、社会及文化观念发生了巨大变化，为社会组织的发展带来了生存空间。我国的经济体制改革不仅达到了解放生产力和发展生产力的根本目的，还释放了蕴藏在社会各个层面的巨大能量和多样化的需求，原有的政治化、行政化和一体化社会转向了开放化、市场化、多元化。20 世纪 80 年代后期，社会组织大量涌现，这些适应经济体制改革需求的行业协会、专业性社团充当新的联结机制，将改革中新生长的体制外力量与体制内管理相连接，填补行业管理和社会管理中出现的不足。同时，随着人们温饱问题的解决，生活水平的提高，人民对精神生活多元化的要求也进一步提高，大量文体类社会组织应运而生。

第三阶段是1990年至今。进入20世纪90年代后，中国开始全面建立社会主义市场经济体制，私营部分的力量迅速发展，政府和市场的关系发生了根本性变革，社会组织获得了更广阔的发展空间。这一时期的社会组织发展体现在以下几个方面：一是由企业发起成立的行业协会、商会比例增加；二是由政府发起成立或转型而来的协会的自主性和独立性增强；三是国家在公共服务和社会服务领域的角色萎缩，社会力量进入公共服务和社会服务领域，并得到认可；四是在环境保护、妇女权益、扶贫开发等领域，由社会资源支持的社会组织开始出现并繁荣发展。

新阶段我国社会组织发展呈现出新的特点：一是数量显著增长，组织结构呈优化趋势；二是资源总量增大、来源增多、结构渐趋合理、短缺局面有所缓解；三是政府购买公共服务的规模不断增大、形式不断创新，范围不断扩大，并逐渐走向制度化；四是组织横向联系趋于紧密，发展呈网络化趋势；五是传统媒体与新媒体推动社会组织改革创新；六是社会企业、众筹、影响力投资、微公益等社会创新形式迅速发展①。

截至2016年底，全国共有社会组织70.2万个，对比1990年，民政部批准成立的全国性社团83个，民政部门登记省级及以下社团组织10 836个，社会组织的数量显著增长②。可见，中国的社会组

---

① 王名，张严冰，马剑银．谈谈加快形成现代社会组织体制问题［J］．社会，2013（5）：18－20.

② 民政部．2016年社会服务发展统计公报［R/OL］．［2012－10－20］．（2008－07－03）．http：//www. mca. gov. cn/article/sj/tjgb/201210/201210153625989. shtml.

织在过去的 20 多年里快速增长。随着市场经济的推进和中国政府改革的深入，社会组织已经成为解决诸多社会问题的一股重要力量。然而，中国社会组织发展还存在以下几个方面的问题：

第一，资源不足。资源不足是中国社会组织面临的一个重大问题。一方面是经费不足问题。社会组织常常会面临经费不足的问题，尤其是自上而下发展的社会组织，由于经费缺乏一定的保障，这些组织常常会由于经费的不足而陷入困境，连维持自身的存在都很艰难，更不用说开展组织活动。另一方面是人力资源不足问题。相当一部分社会组织缺乏或几乎没有固定的人才渠道，主要依靠志愿者开展活动。

第二，能力不强。中国社会组织当前在活动能力、管理能力、创新能力、扩张能力和可持续发展能力方面，显得有所欠缺。主要表现为社会组织一般规模较小，资金筹措能力不强，社会资源利用不足，缺乏发展动力，组织管理不规范，相当一部分社会组织管理缺乏创新性，进取精神和服务意识上存在不足，国际联系少等。能力不足使其难以发挥应有的作用，进而导致社会组织难以得到社会的广泛认同，缺乏社会公信度。

第三，人才缺乏。总体而言，社会组织的职员分为三类：专职工作人员、兼职工作人员、志愿者。其中专职工作人员较少，更不用说优秀的人才和具有企业家精神的领导者了，而优秀人才和领导者又是社会组织发展的重要条件之一，人才的缺乏令中国社会组织的发展堪忧。

第四，缺乏良好的监督、评估机制。社会组织从事营利性活动的目的是为了组织的发展和活动资金的筹措，然而，个别社会组织借着此名义开展盈利性经营活动，所得利润却用于满足个人私欲。其根本原因在于社会组织监督机制长期存在的不足。建立完善的社会组织监督机制是防治其贪腐的有效措施。

第五，结构不合理。根据民政部网站发布的《2016 年社会服务发展统计公报》，截至 2016 年底，全国共有社会组织 70.2 万个，其中，社会服务类社会团体和民办非企业分别为 4.8 万个、5.4 万个，分别约占各类总数的 14.3% 和 15%，占比相对较低。教育类社会团体和民办非企业分别为 1 万个、19.9 万个，分别约占各类总数的 3% 和 55%，占比相对较高[①]。教育培训基本上是属于市场化运作的性质，且这类社会组织的“自助能力”也远远高于其他活动领域的社会组织。社会服务与公益慈善类的社会组织应当是当前我国发展的重点。

二、中国社会组织的社会治理环境

中国社会组织的发展与两个改革密切相关：一是经济体制改革；二是政府职能和管理体制改革。这两个改革既为社会组织的发展和繁荣提供了社会适宜性土壤，又为社会组织的社会治理提供了广阔的舞台。中国的社会组织面对的是处在转型时期的整个中国社会，在中国社会结构变迁中，社会自由度增加、“重建社会”成为中国共产党的核心议题、政府治理模式和体制发生根本转变，以及法律政策环境的改善。

---

① 民政部.2016 年社会服务发展统计公报［R/OL］.［2012－10－20］.（2018－07－09）. http：//www. mca. gov. cn/article/sj/tjgb/201210/201210153625989. shtml.

第一，社会自由度的增加。1978 年我国实行社会主义市场经济体制后，在简政放权改革措施的推动下，计划经济体制对地方与基层、生产单位以及生产者的约束被改变，人民经济活力得以释放的同时，社会的自由也迅速增加。就农村来看，家庭联产承包责任制瓦解了人民公社，农民的生产经营回归到以家庭为单位的生产，农民的自由增强。就城市来看，非公有制企业的出现推动就业从体制内向体制外转移。随着市场的逐渐扩大及产品市场到要素市场的发展，人们的就业空间不断转移，其自由也大大增强。改革开放，不仅改变了中国的经济形态，而且改变了中国的政治生态和社会的意识形态，在实行改革开放的进程中，社会“自由化”倾向悄然兴起。

第二，“重建社会”成为党的核心议题。2004 年，党的十六届四中全会首次提出“构建社会主义和谐社会的能力”是党有待加强的一项执政能力。2007 年党的十七大报告将社会建设放到社会主义经济建设、政治建设、文化建设的同一高度，形成“四位一体”的国家建设体系。2011 年，“加强和创新社会管理”是省部级主要干部研讨班的主题，从指导思想、组织领导和工作方法上明确了如何加强和创新“社会管理”。2013 年中共十八届三中全会用“社会治理”替换“社会管理”，探索如何将“党委领导、政府负责”的社会管理体系通过“社会和谐、公众参与”有效地延伸到体制外。2017 年，中国共产党第十九次全国代表大会提出“加强社会治理制度建设，完善党委领导、政府负责、社会协同、公众参与、法治保障的社会治理体制，提高社会治理社会化、法治化、智能化、专业化水平”，再次强调“社会协同”是打造共建共治共享社会治理格局的重要内容。从“和谐社会”到“社会治理”，“重建社会”是决策者议程上越来越重要的议题。

第三，社会组织政策环境的改善。自2004年开始，我国政府从国家政策角度做出了发展社会组织的战略性部署，并相继改革和完善社会组织管理法律法规。2004年9月，党的十六届四中全会首次提出中国特色社会主义经济建设、政治建设、文化建设、社会建设“四位一体”的总体格局。2006年10月党的十六届六中全会通过的《中共中央关于构建社会主义和谐社会若干重大问题的决定》，全面、系统地阐述了健全社会组织、增强服务社会功能。2007年10月党的十七大确立了建立“党委领导，政府负责，社会协同，公众参与”的社会管理的体制。2010年10月，中共中央第十七届五中全会通过的《中共中央关于制定国民经济和社会发展第十二个五年规划的建议》进一步提出：“发挥群众组织和社会组织作用，提高城乡社区自治和服务功能，形成社会管理和服务合力”“培育扶持和依法管理社会组织，支持、引导其参与社会管理和服务”①。2016年3月，《中华人民共和国国民经济和社会发展第十三个五年规划纲要》第七十章提出：“健全社会组织管理制度，形成政社分开、权责明确、依法自治的现代社会组织体制。”② 这些政策的出台是我国社会组织发展的巨大动力，为社会组织的发展指明了方向。同时，一系列支持社会组织建设的政策相继颁布，如《关于开展民办非企业单位自律与诚信建设活动的通知》（2005）、《国家发展改革

① 关于制定国民经济和社会发展第十二个五年规划的建议［EB/OL］.［2018－07－09］. https：//baike. baidu. com/item/关于制定国民经济和社会发展第十二个五年规划的建议/6552817？ fr＝Aladdin.

② 中华人民共和国国民经济和社会发展第十三个五年规划纲要［EB/OL］.［2016－03－17］.（2018－07－09）. http：//www. xinhuanet. com/politics/2016lh/2016－03/17/c_1118366322. htm.

委、财政部、民政部关于公布取消和停止社会团体部分收费及有关问题的通知》（2010）、《民办非企业单位诚信评估指标》（2010）、《关于推进行业协会商会诚信自律建的意见》（2014）、《民政部关于进一步加强基金会专项基金管理工作的通知》（2015）、《行业协会商会与行政机关脱钩总体方案》（2015）、《社会团体登记管理条例》（2016）等。这些文件对社会组织的登记管理、诚信建设、监督评估、会费收费等方面做了明确的规定，对有可能造成主管单位职责认知分歧、针对性和操作性模糊导致执行难的制度条款及在具体管理规章、制度层面存在冲突的政策原则等做出了修正，以专项法规来规范和监督管理社会组织。

第四，民众维权意识和参与意识的增强。随着社会的不断进步和法治的不断健全，民众的公民意识，尤其是维权意识和参与意识以及对公共政策的选择意识不断增强。当民众的权益正在受到侵害或者已经受到侵害时，会通过各种方式和渠道表达诉求，越来越多的人认识到参与社会政治生活、公共生活既是自己的权利，更是自己的义务，对参与政治生活、参与公共事务的管理和公共产品的提供充满热情。

三、中国社会组织的伦理目标

自改革开放以来，在我国社会组织不断发展和壮大的同时，对社会组织的相关研究也越来越丰富，随着“社会治理”在我国被提上议程，社会组织的重要性越发凸显。当前，发展社会组织已成为我国加强和创新社会治理的核心内容，而要更好地发展社会组织，需要明确社会组织的伦理目标。只有明确其伦理目标才能保证社会组织活动的道德性，从而为道德经济的发展创造条件。从经济伦理学角度看，社会组织既是实现其使命和宗旨的主体，又是进行伦理价值选择的主体。作为伦理价值选择主体，中国社会组织要实现的是中国社会的和谐安宁，换言之，社会的和谐安宁是中国社会组织的伦理目标。这是由和谐安宁的价值内涵、社会组织的使命和宗旨，以及社会组织的治理目标所决定的。

第一，和谐安宁是一种有着丰富内涵的价值追求。中国共产党第十九次全国代表大会上的报告《决胜全面建成小康社会　夺取新时代中国特色社会主义伟大胜利》，把“建设平安中国”作为新时代中国特色社会主义建设的重要内容。所谓平安中国实质上即指社会的和谐安宁，和谐意味着社会成员每个个体是自由、自主、平等的，相互之间利益追求没有激烈冲突，即便有冲突，也是控制在适度范围；同时，社会也在制度框架内是正义的、公平的。从伦理学上看，和谐即意味着社会成员在利益上的道德化状态。安宁意味着社会成员个体是宁静恬适的，社会整体是祥和的，是自由的长期化状态，也意味着社会成员对长期自由的信心，对社会良性秩序的信任。正如余潇枫所认为的，安宁意味着人的身体没有受到伤害、人的心里没有受到损害、人的财产没有受到侵害、人的社会关系没有受到迫害、人的生存环境没有发生灾害①。由此可见，和谐安宁是一个有着广泛内容的价值追求，其丰富内涵涉及正义、公平、和谐、不伤害、无损害等一系列价值判断。

---

① 余潇枫．“平安中国”：价值转换与体系建构——基于非传统安全视角的分析［J］．中共浙江省委党校学报，2012（4）：14.

第二，社会组织的使命和宗旨带有明显的道德追求。每个社会组织的设立都有其特定的使命和宗旨，如上海新途社区健康促进社致力于构建社区健康促进平台，通过与社区健康组织，健康服务提供者等相关机构的合作，倡导以社区为中心的健康促进理念，运用项目、研究、培训、咨询、建导等手段，提高合作机构的技术水平、管理水平和服务水平；云南连心社区服务中心的目标是改善社群福祉，实现人人有尊严，有价值有保障的劳动和生活；广东国健公益助学促进会以扶志脱贫，建校辅读为服务宗旨等。这些目标和宗旨带有明显的公益性，是为社会的和谐安宁创造条件，其活动显然是一种有特定的道德追求的道德行为。

第三，和谐安宁是我国社会组织参与社会治理的价值选择。社会管理到社会治理是我国政府管理方式的重大变革，是政府由全能型向服务型转变的关键。而社会治理“旨在建立一种国家与社会、政府与非政府组织、公共机构与私人机构等多元主体协调互动的治理状态，是在科学规范的规章制度的指引下，强调各行为主体主动参与的社会发展过程”①。可见，社会治理是一个多元参与、协调互动的过程。现代社会治理改变了单一的自上而下的纵向管控，通过纵向和横向纽带的共同作用，一方面，使用政府权力以刚性制度保证经济社会的稳定、和谐、有序；另一方面，进行横向拓展，将社会成员编织到一个个网络当中，以有效地动员社会资源，创造性地增加公共服务供给。这样既能防止行政命令招致社会反感，又能增加社会整体的参与性和自主性。在此意义上，社会治理是以友好、

① 向得平，苏海．“社会治理”的理论内涵和实践路径［J］．新疆师范大学学报（哲学社会科学版），2014（6）：20.

公平、和谐、信任、包容等元素为价值理念，不断建构正义、和谐、包容等积极元素的过程。我国社会组织参与社会治理，是社会治理的内在要求，更是我国政府着眼于维护最广大人民根本利益，最大限度的增加和谐因素，增强社会活力，维护国家安全，确保人民安居乐业、社会安定有序的有效方式。只有以具有丰富内涵的和谐安宁为价值目标，进行社会建设，让和谐安宁内化为社会组织的自觉追求、外化为社会组织的行为实践，我们的人民才能安居乐业，社会才能安定有序，国家才能长治久安。因此，和谐安宁美好这一共同目标，是我国社会组织与政府及其他行为主体在各领域中合作共治的预制性价值前提。

以伦理目标来衡量和评价社会组织，有助于促进社会组织全面、健康地发展，充分发挥其动员社会资源、提供社会服务、参与社会事务管理的功能，从而也使我国发展道德经济具有高度可能性。

第三节　社会组织参与道德经济的方法

社会组织构成当代“市场—政府—社会”三维结构中的第三维，与另外两个维度配合，相互监督、互为补充、相互制衡。通过良好治理而组织起来的社会组织既能克服政府的官僚主义，平衡国家权力，又能避免资本和现代化带来的负面影响，防止资本对社会的渗透和侵蚀。一个社会的良性运转就在于市场、政府、社会三个维度的对话与合作。在当前经济新常态下，我国发展道德经济，在充分发挥市场决定性作用，更好发挥政府作用的同时，还需加强社会组织作用的完善和发挥，只有民众以志愿和非营利的方式组织起来，广泛地参与社会服务的提供和社会公共事务的管理，以社会权力平衡和清除资本权力的侵蚀，弥补市场失灵所造成的缺失，社会主义市场经济才是能够发挥内在优越性的优良经济体制。虽然在发展社会主义市场经济过程中，“中国利用资本但不被资本所俘虏，运用资本但限制资本，不让资本占主导”，但是“资本的本性是通过运动实现价值增殖，而资本的运动是无休止的，哪里能够实现价值增殖，它就会出现在哪里”，它一定会以其自身的运动逻辑“以在全世界范围内追逐和攫取剩余价值为目的”[①]。因而它也一定会对我国经济社会构成或大或小程度不同的负面影响。这就表明，抑制资本权力、平衡政府权力的社会权力是必不可少的。那么，在发展道德经济的过程中，我国社会组织如何发挥参与作用呢？这需要我国社会组织运用其道德优越性约束市场经济，力争在解决社会问题、促进社会团结、公共服务的提供和社会公共事务管理中积极发挥作用。

一、发挥自身道德优越性

美国学者凯默尔（Kramer）认为，社会组织在现代社会担当着多重角色，如开拓与创新者、改革与倡导者、价值维护者、服务提供者等[②]。社会组织在社会发展中发挥着重要的作用，其存在对于社会的进步具有十分重要的意义。正如莱斯特·萨拉蒙所说：“历

① 韩庆祥，黄相怀．“为人类对更好社会制度的探索提供中国方案——学习习近平总书记‘七一’重要讲话”［J］．求是，2017（1）：19.

② 莱斯特·萨拉蒙．非营利部门的崛起［J］．马克思主义与现实，2002（3）：57.

史将证明，这场革命（全球性的结社革命）对20世纪后期的重要性丝毫不亚于民族国家的兴起对于19世纪后期世界的重要性。”①社会组织的快速增长正在改变国家和民众之间的关系，因具有感召公众和说服人心的道德能力，其影响已经远远超出了它们所提供的物质服务而走向深层次的精神服务。

（一）感召公众的道德能力

社会组织的产生和发展，需要有一些既有能力又有抱负的人去创造这些组织。20世纪90年代，社会组织在我国的快速发展和迅速壮大充分显示了其对公众的强大吸引力和感召力。社会组织之所以能感召公众，是因为其具有超越物质利益的目标追求，能让人产生归属感和认同感，并能鼓舞人心。

第一，超越物质利益的目标追求。非营利性是社会组织最鲜明的特征，社会组织不以营利为目的，因此，他们愿意进入盈利性组织一般不愿意涉足的领域，如慈善、环保、社会救助、扶贫等。某个人的个人认同是其自愿加入社会组织的前提，在个人对某个社会组织的认同做出选择时，通常会考虑其是否能实现自己的理想，或是否符合自己的道德判断标准。社会组织超越物质利益的目标追求使组织成员认识到组织目标同社会目标、组织利益与公共利益是一致的，于是组织成员会从内心认同组织目标，其结果是增强了组织的凝聚力、吸引力和感召力。

第二，归属感和认同感的供给。著名管理学大师亨利·明茨伯格说：“在我们每个人作为个体和社会中的我们所有人之间，是我

① 王名. 中国社团改革［M］. 北京：社会科学文献出版社，2001：2.

们群体性的天性：我们是需要归属与认同感的社会动物。”[①]社会组织提供社会适应机制，能有效地满足人们被接纳和被认同的需要。此外，社会组织是有着共同信念、目标和兴趣的个人联合设立的，自愿性是其突出特点。在社会组织中，每个个人都是平等的，组织为个人提供充分发挥能力与潜力和自我实现的机会，满足成员谋求发展、维护利益、交流感情、寻觅同道、获得社会承认等需要。

第三，鼓舞人心。社会组织没有为股东创造最大价值的压力，也不用受制于政府部门的控制，有共同目标的组织成员不用受到任何职业或部门的限制，人们可以自然地投入工作，他们不需要正式的“被授权”，能尽情地施展自己的才能。社会组织具有的平等特性，赋予人们在组织活动中的独立性和主动性，能增强人们的信心，组织成员也从团队合作中吸取力量。

（二）说服人心的道德能力

考察社会组织的发展现状，不难发现，社会组织以服务社会，发展社会公益事业为宗旨，发挥着国家和市场不可替代的作用。不同于依靠供求机制自发地发挥作用的市场，也不同于依靠法律法规和政策措施的强制执行发挥作用的政府，社会组织以价值认同为基础和前提，通过说服人心来获得社会权力，从而发挥作用。

所谓价值认同，是指“人们在价值观念的交往过程中，被交往对方的价值观念所同化，自觉地或非自觉地赞同和接受对方的价值观念在价值观念上形成某种协调、一致的意见”[②]。以价值认同为基

---

① 亨利·明茨伯格．社会再平衡［M］．陆维东，鲁强，译．北京：东方出版社，2015：52.

② 汪信砚．价值共识与和谐世界［J］．武汉大学学报（哲学社会科学版），2017（5）：12.

础的说服人心，不仅是社会组织发展的必要条件，而且也是社会组织获得社会权力的重要方式。一方面，社会组织是持有共同目标的人们自愿组合起来的团体，或者说是有共同价值观的人们联合组建的群体。当个人成为某个社会组织中的一员时，他的价值观念会影响组织的其他成员，而群体的价值观又会对他产生影响，于是组织的价值观与个人的价值观很难分开。个人认同组织的价值观，会加强自律，并抵制违背组织宗旨、原则、价值观念的行为。显然，如果没有以价值认同为基础的说服人心，社会组织的发展和壮大是无法想象的。另一方面，社会组织扎根于社会关系网络，努力寻求价值认同，通过说服人心，得到有相同价值追求的人们的支持和帮助，从而获得体现社会中部分人意志的社会权力，来弥补国家权力的不足。

如果将说服人心看作是社会组织的重要特性，那么谋求价值认同则是社会组织说服人心的重要方式。众多社会组织通过开展项目向社会传递公益性价值观，努力寻求价值认同，从而说服人心，以获得社会的信任和支持，并从社会中获得组织及项目发展所需要的资源。例如，中国人口福利基金会通过举办以救助贫困地区贫困母亲为主题的幸福工程、创建幸福家庭活动、健康暖心工程等全国性大型公益项目，将其“增进人口福利，促进家庭幸福”的宗旨成功地传达给公众，获得了社会公众的关注和参与。广州慧灵智障人士服务机构就是一家以努力寻求价值认同的方式说服人心，得以发展的社会组织。广州慧灵的创办人孟维娜在 20 世纪 80 年代创建了中国第一家民办智障者服务机构，当时，政府部门和公众并不认可这种社会服务方式，广州慧灵始终坚持“提高智障人士的生活品质”

的使命，为智障人士提供服务，其对社会公益的不懈努力最终让人们心悦诚服。1990 年 2 月广州慧灵获得了合法身份，并得到社会各界的大力支持和政府的褒奖。在经历了 13 年的风风雨雨之后，广州慧灵从最初的“慧灵智障青年训练中心”发展成为拥有幼儿园、学校、职业训练中心、托养中心、研究所和家庭服务的综合服务机构，吸收了不同年龄、不同类别的智障人士，形成了多元化的一条龙社区服务模式。近年来，广州慧灵在各方热心人士的帮助下，已建立了 14 个“智障人士家庭”①。

在“市场—政府—社会”三维结构中，市场主要依靠经济规律起作用，政府主要依靠行政力量发挥作用，社会组织主要以社会公共利益为导向，运用其道德力量感召公众、说服人心，不断挖掘和整合分散的社会资源，为社会提供公共服务，并参与社会治理。因此，社会组织作为社会治理的重要力量，其独特的运作机制可作为公共权力和私人利益之间的一种平衡和补充，发挥其在国家、社会和个人之间关系的协调作用，在此意义上，社会组织有着其现实的合理性和必要性，凸显了其在现代治理体系中作为多元治理主体和特殊调控机制的重要价值。

二、加强自我管理

作为社会三维结构中的一维，社会组织要在社会领域发挥作用，要能在同政府、企业（市场）达成协作伙伴的关系中获得应有的地

① 陈志峰．自闭症谱系障碍人士家庭的社会工作介入研究——以广州市为例［D］．兰州：西北师范大学，2020：4.

位，最重要的是组织内部的能力建设。要提高我国社会组织的内部能力，重点要做好以下几个方面的工作：

第一，明确组织权责，注重组织文化建设。我国社会组织要成为重要的社会力量，扮演好提供公共服务、参与社会公共事务管理的角色，明确权责是一项重要举措。结合当前中国的国情和社会组织发展的现状，明确界定社会组织的权力和责任需要做好三点：首先，厘清组织的权力领域。社会组织从事的是增进社会公共利益的事业，肩负着提供公共服务和参与社会公共事务管理的职能。因此，社会组织进入的主要领域应当是社会公共事务和社会公共利益，其权利应介入公共利益、社会利益、公共事务和社会事务等方面。对于公众来说，社会组织是公益行动者，对于政府来说，社会组织既是增进社会公共利益的合作伙伴，又是其工作的监督者，社会组织与政府相互制约、相互监督、相互促进。这一时期，政府逐步从依靠社会组织的作用能取得更好效果的社会职能中退出，社会组织则承担起原本由政府履行的职能。这个过程涉及社会治理结构和治理观念的根本转变，并非简单的移交，政府因其在资源和权力上的优势仍然是公共管理的重要主体，在许多方面居主导地位。因此，社会组织的从业者态度必须积极，勇于抓住时机，扩展作用空间，提高在公共利益、社会利益、公共事务和社会事务中的影响力。其次，明确组织使命。社会组织的使命决定其活动的目标、领域和方式。使命不明确会导致组织成员对自己的职责认识不清，容易造成活动目标不明确、意见分歧和工作效率低下。因此，社会组织需要树立明确的组织使命，而且对使命的表述要清晰。这样，社会组织的从业者才能在强烈使命感的激励和驱动下，生出强烈的道德感，约束自己的行为，主动、积极地投身于组织活动，这样的组织会是一个充满生机的团体。一个充满使命感和活力的组织往往又能吸引人才，更多的人会加入该组织，并全身心地投入组织的工作，如此组织的可持续发展得以实现。最后，制定清晰的组织目标。随着政府职能转变的进行，社会组织活动领域会不断扩大，遇到的难题也越来越多，凸显出原有组织目标的局限性。面对新的内部和外部环境，组织必须制定清晰的新目标来应对新问题。

文化建设能提高人们的思想觉悟和道德水平，社会组织的文化建设是提高组织成员思想觉悟和道德水平的重要方式。组织文化以组织使命、发展愿景为核心内容，树立组织核心价值观和塑造道德行为方式。做好社会组织文化建设，能够将组织使命、核心价值观和组织成员的日常工作紧密结合，从而确保组织活动是增进社会公共利益的事业。

第二，打造合理的组织结构，做好制度建设，实现组织的“依法自治”。我国的社会组织中有相当一部分是由上到下发展起来的，与政府有着密切关系，组织需要对自身的结构做出相应的调整，在不断的调整中，组织必须把握一个原则，即保证组织管理的民主性和科学性，用其民主性来保证组织的公益性，科学性保证组织运行的高效性①。

社会组织的管理结构中通常设置有三个部门：理事会、监事会和秘书处。各部门相互配合，各负其责。理事会是组织决策和治理的最高权力机构，其职能包括：确定组织的宗旨和目标、制定组织

① 郑国安，等. 非营利组织与中国事业单位改革［M］. 北京：机械工业出版社，2002：33.

的战略规划、财务监督、对外联络、争取资源、建立社会网络等。监事会是监督与建议机构，其工作包括：检查财务资料、监督遵章守纪情况、向理事会提出质询和建议等。秘书处负有组织治理和运作的职能，其工作内容包括：参与理事会的政策制定、确保对组织的有效领导、开发项目、执行项目、实施项目管理等。明晰理事会、监事会、秘书处的责权关系才能保证社会组织的高效运行。

除了设置具有民主性和科学性的组织结构外，还需要抓好组织的制度建设，以维护组织秩序，保证组织各项政策的顺利执行和各项工作的正常开展。作为组织各项活动所应遵循的最高行为规则，制度规定组织的业务流程、工作程序、议事规则等主要内容，从此意义上说，社会组织的制度就是其“法律”。组织制度是否科学、规范，体现出组织的管理水平，直接关系到组织的内部能力。因此，必须推动和做好组织的制度建设。首先，组织制度建设要适应组织的外部环境和工作情况，不能盲目沿袭和效仿。每个社会组织的情况不同，组织应根据实现自己使命的需要，结合自身的实际情况和管理现状，制定一套适合组织自身发展的制度，不可盲目沿袭或套用他人已有的制度。组织制度要具备强烈的针对性和适应性，既要适合组织实际，又能激发组织创造潜能，既是约束，又是激励。其次，组织制度建设必须依法进行，努力形成一套完善、科学、严密、规范的体系。制度的制定是基础，社会组织必须在法律许可或授权范围内制定制度，不能超越法律。同时，制度建设是一项复杂而系统的工程，必须遵循科学、合理的原则统筹布局。制度之间、制度前后应保持连贯、一致，相互衔接；内容应全面、完整，避免出现“盲区”或“真空地带”；程序设计应当合理，有利于决策和提高效率；用词要严谨、规范，确保每个条款都具有强的操作性和执行力。再次，加强组织制度的监督。任何制度都离不开相应的监督机制，缺乏有力、有效的监督，会出现个人权力膨胀、权责失衡、管理松懈等现象，监督是组织制度顺利实施的有效保证。最后，根据组织内外环境的变化，及时修订管理制度。组织制度在建立后应保持相对稳定，但也并非一成不变，要随着外部环境的变化和内部管理的调整进行修订，保证制度能有效地指导和规范组织的各项活动，保证制度功能的有效发挥，不断提高和促进组织内部管理的质量和效率。

只有切实推进和做好组织的制度建设，社会组织的从业人员才能从思想和行动上重视组织制度，将制度作为组织的“法律”，从而实现组织的自治。

第三，构建合理监督体系，实行多种监督形式。由于社会组织具有非营利性、自愿性等特征，缺乏强制性的责任机制，如何促使社会组织高效、负责地完成自己的使命，最有效的方法就是建立多种问责机制，采用多种监督形式。

首先，建立他律与自律相结合的问责机制。对社会组织的监管需要他律和自律两方面相结合，逐步构建起政府问责、社会问责、组织自律问责的“三位一体”监督体系。他律包括政府问责和社会问责。政府要为社会组织确立既不抑制其主动性、创造性和积极性，又能保证其健康发展的规范。政府问责方式主要是对社会组织的年检、组织会计事务机构进行年审、建立事后性惩罚措施等；社会问责方式主要是捐助者问责、服务对象进行评价和媒体的公开监督等。自律是社会组织的自我约束、自主运行、自主发展和自我管理，是组织内部的问责。社会组织自律应建立以组织章程为核心的法人治理机构，推行组织决策、执行和监督分开运行的组织机制，在组织内部管理中与专业机构建立伙伴关系，引入第三方评估机制，以实现组织的阳光运作，提高组织的公信力。

其次，运用多种监管手段，不断加强自身建设。改变以往监管单一的行政手段，更多地通过法律手段和经济手段促使社会组织履行社会服务功能。通过多种监管手段的运用，实现对社会组织的有效监管。

最后，实现社会监督。社会监督是一种有效的监督机制，除法律和经济手段外，社会组织要向社会公众公开其活动、管理及财务等各方面的信息。一方面，社会组织要通过信息平台，将民政部门实行的登记、年度检查、执法、评估的情况，社会组织的各项活动和社会各方面对社会组织的反映、评价及时公布，便于社会监督，实现社会监管的常态化。另一方面，社会公众可随时向社会组织查询有关数据、信息等，支持和鼓励社会公众对社会组织的监督管理。

三、提供优质公共服务

“社会治理本意不在于国家、市场与社会三部门的隔离与对立，而在于三部门的对话与合作，共同克服集体行动的困境，共同克服官僚主义、资本和现代化给人类社会带来的负面影响。”① 也就是说，社会治理的目标是逐步形成国家、市场和社会各负其责、各行

① 鄢一龙，白钢，等．大道之行：中国共产党与中国社会主义［M］．北京：中国人民大学出版社，2014：164.

其是、各得其所的局面。在政府退出、市场机制向社会领域延伸的背景下，要平衡国家权力、抑制市场的消极作用，社会组织必须担负起提供公共服务、解决社会问题、促进社会团结的重任，积极参与社会公共事务的管理。

（一）积极寻求与政府部门的合作，提供多样化、高质量的公共物品

社会组织的非营利性、自愿性和自治性等特征决定了其“不但具有提供公共服务的动力，而且具有提供公共服务的优势”①。一方面，社会组织没有利益最大化的目标追求，受不得分配利润的约束，其提供公共物品能克服市场机制的缺陷。由于公共物品具有非竞争性和非排他性，即个人对某一公共物品的消费并不妨碍或影响他人对该物品的同时消费，因为向一个人或向多个人提供某公共物品的成本是相同的，而且，公共物品生产出来后无法阻止他人同时消费该物品。通过市场机制提供公共产品易发生“搭便车”现象，即部分人付费，大多数人享用，从而造成公共物品的短缺，导致“市场失灵”。另一方面，社会组织提供公共物品可以在小范围内运作，可以根据服务对象的需求来调整服务，能弥补政府在公共选择中的失败。随着社会的发展，人们对公共物品的需求也不断变化，不同的社会群体有着不同的公共物品需求，这就要求提供的公共物品不仅要在数量上丰富，还要种类上的多样和质量上的提高。由于政府提供公共物品考虑的是大部分民众的偏好，为了满足大多数人的需求，其提供的公共物品是标准化和单一化的。这必将导致一部

---

①　张序．公共服务供给的理论基础：体系梳理与框架构建［J］．四川大学学报（哲学社会科学版），2015（4）：139.

分人对公共物品的需求得不到满足。

在公共物品和公共服务的供给中，社会组织具有的优势能对“市场失灵”和“政府失灵”做出反应，弥补政府和市场的缺陷和不足。但是，社会组织在公共服务供给中的作用也有不足之处，存在“志愿失灵”的状况。所谓志愿失灵，指的是社会组织在公共物品和公共服务的提供中，行为偏离志愿性和公益性原则，出现价值取向的非公共性或资源配置的低效等现象，从而产生功能或效率方面的缺陷。志愿失灵大致包括四个方面的内容：一是供给不足。社会组织的资源依赖于自愿付出，而自愿制度无法保证其有充足、可靠的可利用资源来对人们的公共服务需求做出足够的回应。二是特殊主义。提供公共服务的社会组织都倾向于关注特殊亚群体，而其他亚群体没能得到平等的对待，导致公共服务覆盖面不足和服务的重复、浪费。三是家长式作风。社会组织中控制资源的人根据自身偏好决定公共服务的提供，忽视公共需求。四是业余主义。由于资金的限制，社会组织无法吸引专业人员，只能用业余的方法来处理人类的问题[①]。简而言之，在公共服务的提供中，社会组织不能产生足够的资源，易受到特殊主义和资源控制人偏好的影响，由于资金的不足，缺乏专业的方法。如何克服或弥补社会组织的“志愿失灵”？非常重要的一点是，政府具有的优势正好可以弥补社会组织的缺陷。首先，政府拥有强大的行政和财政系统，可为社会组织提供政策及经费支持。其次，政府可以通过民主政治程序来规避社会组织公共服务提供中存在的特殊主义。再次，政府可以通过建立权

① 莱斯特·M. 萨拉蒙. 公共服务中的伙伴：现代福利国家中政府与非营利组织的关系［M］. 田凯，译. 北京：商务印书馆，2008：47－50.

利来防止社会组织中的家长式作风。最后，政府可以通过建立质量控制标准来确保社会组织提供公共服务的质量。

只有与政府建立良好的合作关系，与政府相互配合，社会组织才能克服其固有的劣势，充分发挥其在公共服务供应中的优势。

（二）完善和加强组织自治

自治性是社会组织的显著特征，其内涵包含自我组织、自我管理、自我约束和自我创新。实现社会治理的关键在于改变政府作为社会权力中心的格局，其方式是通过授权与分权、自治与治理，将社会组织引入公共物品和公共服务的提供中，由社会组织和政府共同承担社会公共事务管理的责任。在此意义上，社会组织对制约政府的权力有着根本性意义。而社会组织只有实现良好的自治，才能更好地发挥其参与公共物品和公共服务的供应，参与社会公共事务的管理的作用，从而实现公共管理主体的多元化转变。因此，社会组织要采取多种措施来完善和加强自治。

第一，增强组织自主性。自主性是社会组织实现自治的前提条件，增强组织自主性可以从以下几个方面入手：一是明确组织理事会职能。社会组织的权利不为捐赠者、政府或管理者所有，而是为其理事会所有。因此，社会组织自治的关键在于组织理事会的作为，一个有效的理事会要有内容明确的职能内容。二是构建有效、清晰的治理结构，加强内部治理。三是明确组织任务和目标，坚持组织宗旨，牢牢把握组织使命。

第二，抵御组织外部力量的过度干预。一是积极推进与政府机关的脱钩进程，确保组织在机构、人员、财务、资产等方面的独立性；二是建立组织理事会民主决策制度并将其落到实处，坚决从制度上制止组织外部力量的过度干预。

第三，促进组织的职业化。当前，社会组织在提供就业机会、加强环境保护、关注弱势群体、参与社会救助、改善政府与社会关系等诸多方面发挥着重要作用，各组织有着自己的规范和制度，正在走向职业化。社会组织发展的职业化是充分发挥社会组织参与社会治理、服务民生等作用的有效途径。一方面，社会组织作为一种职业，用其价值观和使命激励员工，将组织上下凝聚为一个整体，从而更好发挥其作用，而不是仅靠人们短暂的热情和“高尚”的付出维系组织的发展。另一方面，人才是影响组织发展的关键因素，只有规范组织管理，完善组织运作体系，才能选拔出优秀人才。

第四，提升组织的专业水准。社会组织专业化程度不高，是导致其公信力不强的主要原因，反之，社会组织要得到公众的信任，获得公信力，必须追求专业化。一是打造专业性团队，注重职业性队伍建设，掌握特定领域的专业知识；二是通过实践总结经验和教训，培养并提升员工项目运作的能力；三是积极参加来自政府、学界和其他组织举办的能力建设培训，学习并运用新理念和新技术；四是建立稳定的专家咨询队伍，争取最大化发挥每一位组织成员的智慧。

（三）加强国际化交流与合作

开展广泛的国际合作和交流，充分吸纳国际社会组织的智慧和优势，利用国际资源增强我国社会组织的创新能力是我国社会组织更好发挥作用的重要途径。随着经济全球化的深入发展，国际交流与合作改变了我国社会组织依靠国内有限资源发展的单一模式，面对丰富的国外资源及快速更新的信息技术，国际化交流与合作为我国社会组织实现可持续创新发展提供了新的路径。

第一，创造更多与国际社会组织交流与合作的机会，积极参与国际社会组织的重要活动。社会组织的发展依靠其员工能力的提高，组织必须通过多种途径使其员工得到培养，要拓宽员工培养领域，参与国际社会组织的重要活动，扩大与国际社会组织之间的交流与沟通。

第二，开展国际社会组织合作研讨会。通过学术会议可以快速了解本领域的学术前沿、获悉行业发展动态，还能让同行给自己提出建议，开拓思维，掌握自身的不足。我国社会领域与国际相关领域发展接轨，社会组织的发展前景会更好。

第三，培养组织人才队伍的国际化综合素养。社会组织中，具有高水平的组织带头人的培养是提升整个组织项目运作能力的关键，组织带头人要具备制定清晰、恰当、可操作性强和一定挑战性的团队发展目标的能力，要敢于创新、善于创新，能把握组织发展的方向，具备专业指导能力并能与国际社会组织保持联系和沟通。通过与国际社会组织的交流与沟通，能开阔组织人才队伍的国际视野，提高其专业知识和项目运作水平。

当前，在政府政策的鼓励和支持下，我国社会组织在经济社会发展中扮演着重要的角色，越来越多的社会组织积极寻求与其他组织及个人的合作，以服务和责任感为宗旨，推动道德经济的发展，"富平创源"就是社会组织在道德经济发展中的积极实践。

富平创源：做生态农业　产放心食材"可信农场"

北京乐平公益基金会通过坚持"不一样的公益"，多年来创建不同类型社会企业，摸索出一条有效且大规模地解决社会问题的公益创新之路。2012 年，乐平公益基金会与拥有四十年历史、日本最受尊敬的守护大地协会共同投资设立了“富平创源”（全名为北京富平创源农业科技发展有限责任公司）。带着建立一种新的商业文明的初衷，乐平公益基金会与守护大地协会合作，结合中国本土现状制定出“富平—大地生态信任农业标准与规程”（简称“标准与规程”），提出生态信任农业理念，即：倡导以信任为纽带，以“诚实守信、言行一致”为原则，以公开透明生产过程的方式为消费者提供产品和服务，建立生产者与消费者之间的互信共赢关系，从而促进农业可持续发展及生态环境保护。

富平创源是鉴于当前农产品的诸多问题而成立的社会企业，其宗旨是促进生态农业发展和土地环境保护，提供消费者信得过的农产品。由于目前自称绿色、有机农业的产品繁多，而社会又缺乏诚信，所以建立生产者与消费者之间互信和共赢的关系，成为富平创源的重要目标，它以“生态信任农业”为标志，意指在生产者和消费者之间建立稳定、长期的信任关系。生产者可以安心按一定的标准种好地，销售渠道得到保证；消费者了解透明的生产过程，放心购买，富平创源则是二者之间的桥梁。

富平创源成立伊始，即在天津租赁近 6.67 公顷地建立了农场，并物色到一批愿意以农业生产为第一职业、诚实守信、有一定文化基础的年轻人，成为农场的研修生。免费学习技术，并得到一定的津贴。同时建立了生态信任农学院。在技术上与天津及其他地方的农学院合作，聘请专家定期来指导和解决问题；来自日本守护大地协会的专家每个季度也会来给予技术咨询。除此之外，还物色并考察愿意加入、种植符合标准的农户，与之签约。由于中国的农户很分散，不宜采取守护大地协会那种与大批个体农户签约的方式，因此在全国不同地方物色适当的小型农场，现在河北、四川、湖南都有富平创源的签约户。乐平公益基金会具有十多年服务农村和农民群体的经验，为物色适合的农户，并建立良好的关系奠定了基础。一旦加入，这些农户可以得到技术指导和销售渠道的帮助。另外，富平创源还搭建了“生态信任”生产者互助与发展的网络，共享栽培、养殖、流通等技术，同时帮助农户进行产品生产的规范化，商品化及销售。富平创源还为业内的青年种植者和中小农户提供国内外交流培训、实践研修的机会，并致力于开发新产品，通过为生产者服务提供学习交流的平台，并为他们构建市场渠道，搭建他们与消费者之间的桥梁，富平创源在实践中推动着农村的可持续发展和食品安全。（资料来源：资中筠．财富的责任与资本主义演变［M］．上海：上海三联书店，2015：508－509.）

结　　语

我们已经阐明了道德经济是一种经济行为方式，而不是一种独立的经济形态。道德经济与其他经济行为方式的不同，在于道德经济力图实现的是经济价值与道德价值的统一。因此，发展道德经济，除了以一定的经济主体为依托，还需要一定的政治制度的主导和社会的参与。当前，中国发展道德经济需要企业、政府和社会组织发挥作用：一是在市场平台上，以企业为主体发展道德经济；二是以政府为主导力量，引导道德经济的发展；三是推动社会组织参与道德经济的发展。在此意义上，经济新常态下，中国经济走向道德经济之路，宜采取的具体举措是：首先，广大企业以市场为平台发挥主体作用，利用市场的自愿自发激励机制，积极主动地参与市场活动，承担道德责任；其次，政府以自身的公益性引领企业，推动其走向道德经济；最后，社会组织以其具有的道德优越性协调市场和政府，平衡各方利益，促进社会主义市场经济更好地发挥其内在优越性。因此，企业、政府、社会组织之间并非是各不相关的，其作用的发挥遵循这样的逻辑：以企业为主体，由政府主导，社会组织参与。这意味着，企业、政府和社会组织在目标和功能上相互依赖和互为补充，三者结合为一个有机整体。在这一有机整体中，企业开展具体的经济活动，参与商品的生产、分配、交换和消费过程，从而实现资源的优化配置；政府通过制定政策、制度，引导和推动道德经济的发展；社会组织则促进人们共同价值观的形成，凝聚社会各方力量进行道德经济建设。企业是"着力点"和"转化器"，直接推动道德经济的进行；政府是"调控器"，引导企业的行为方向；社会组织是"助推器"，支持和帮助道德经济发展，企业、政府、社会组织通过相互支撑、相互依存、相互补充，发挥各自的作用才能实现道德经济的发展。

一、以企业为主体

经济新常态下，中国发展道德经济需要借助具有独立形态的社会主义市场经济体制，这意味着，道德经济的主体就是市场主体，而企业是市场经济发展的主要力量，在此意义上，企业是道德经济的行为主体。以企业为主体，是指在发展道德经济中，注重发挥企业的自主性，挖掘企业的主体优势和潜力。以企业为主体，就是强调企业的主体优势和竞争作用，从激发和培育企业的自主能力、竞争力和参与度，从调动和促进企业的积极性、创造性和主动性等方面来体现其主体功能。企业在发展道德经济中的主体地位具体体现在如下几个方面：首先，承担生产经营活动。肯定企业具有在市场上从事经济活动的能力，并享有权利和承担义务，支持和鼓励企业参与市场竞争。其次，企业主导经济活动中的各个环节。这又具体表现在四个方面：一是企业是生产的主体，自行决定什么、生产多少、怎样生产等；二是企业是分配的主体，自主配置劳动力、资金、生产要素等资源，以及劳动产品；三是企业是交换的主体，自主选择交换对象和交换时机等；四是企业是消费的主体，自主把控生产资料的使用和消耗。最后，享受经营性收益，承担经营风险。保障企业财产权益，保护企业利益，促进企业持续增收，维护企业的根本利益。企业自行承担在生产经营过程中，由供、产、销各个环节中不确定性因素所导致的企业资金、价值的变动。企业在道德经济发展中的主体地位是由以下几个方面决定的：

第一，企业的本质。新古典经济学认为，企业是向市场提供商品和服务的"生产者"，作为理性"经济人"，企业拥有产品市场和要素市场的完全信息，能根据市场的价格变动及时调整生产要素的技术组合，以实现企业利润的最大化。新制度经济学代表人物科斯则认为企业与市场一样是作为经济协调工具和资源配置方式而存在的。在限定的范围内，企业家能利用其权力在不确定性环境中将生产要素配置到"最优"用途①。虽然对企业是什么有着不同的看法，但无论是被冠以"黑箱论"的新古典经济学，还是打开了现代企业"黑匣子"的新制度经济学，在对企业本质的探寻中，一致认可企业是市场的"自然存在之物"，是市场的自然产物，能对市场做出最快的反应，能根据市场变化配置资源，优化资源利用，促进经济的发展。企业对市场信息的高敏感度决定了企业在发展道德经济中的主体地位。

第二，企业是道德实践主体。所谓道德实践，是指"道德主体依据一定的道德规范体系（道德观念、道德原则、道德规范、道德

① 卢现祥，朱巧玲. 新制度经济学（第二版）［M］. 北京：北京大学出版社，2012：185.

范畴等），在具体的道德情感、道德意志的作用下，通过相应的途径与中介而进行的，与生产劳动实践、科学技术实验以及社会关系实践紧密联结的社会实践活动。”① 在市场经济中，作为经济活动主体的企业常常面对各种道德冲突和矛盾选择，如功利与道义的冲突、个人利益与社会整体利益的冲突、正当手段与非正当手段的矛盾等，需要按照一定的道德原则或规范进行全面的考察，进行决断，开展生产、经营活动。结合道德实践定义来看，企业无疑就是道德实践的行为者，即道德实践主体。企业成为道德实践的主体具有多方面的原因：首先，企业中的大多数员工都是自觉的道德主体，他们需要在有意义的工作中获得人生的成就感，同时，他们具备道德认知能力，能理性地自我主宰，主动设定自身行为。其次，作为市场经济活动的主体，企业只有协调并处理好各种关系，如企业与企业之间、企业与国家之间、企业与其他利益相关者之间的关系，才能生存并得以长足发展。反之，企业如果未能处理好与其他企业、国家及利益相关者之间的关系，其生存就会有问题，更不用说长远发展了。这就要求企业必须在一定的伦理道德价值观主导下，协调各方利益关系，规范自身行为。最后，市场经济条件下，合乎道德的经济行为是市场机制有效运行的基础，企业通过道德实践能防范、克服市场失灵问题，实现可持续发展。一方面，道德价值观具有向心力和凝聚力，能协调企业各部门活动，规范企业经营活动，引导企业沿着正确方向发展；另一方面，道德价值观能为企业员工提供精神动力，促进生产力的提高，并能全面约束企业员工行为，营造良好工作氛围。

① 聂增民．企业道德实践研究［D］．石家庄：河北师范大学博士学位论文，2016：26.

第三，企业是具有能动性的市场运行主体，为市场运行提供前提条件。企业是市场经济的产物，是市场经济活动的主要参与者，市场机制的运行离不开企业的生产和经营活动，离开了企业，社会经济活动就不能正常开展，更不用说良好运行了。首先，从市场是商品交换活动的场所或中介的基本功能看，市场运行是商品流通的过程，而企业是商品的主要生产者、提供者，若没有企业，就没有市场运行需要的商品，市场就不能正常运行。有企业，才有商品，才有商品的交换活动，市场才能正常运行。其次，从市场是各种交换关系的总和看，只有以企业和企业生产的商品为前提，商品交换的各种关系才得以产生。若没有企业及企业生产的商品，没有商品用于交换，就不会产生各种商品关系，从而不会有市场的存在。

第四，企业是社会经济进步的主要力量。市场经济条件下，企业在竞争中获得利益与发展，在争取更多盈利或更大市场份额的角逐中，为了提高竞争力，企业注重自身创新能力的提升，是先进生产技术和生产工具的积极应用者和制造者。在此意义上，企业推动了社会经济技术的进步。可以说，企业的生产技术和生产工具直接关系着整个社会的经济技术水平，其生产状况、经济效益直接影响着国家经济实力和人民的物质生活水平。从发展的角度看，企业发展得好，社会经济才能发展，一个社会经济的发展在很大程度上就是该社会企业的发展。

二、以政府为主导

在社会主义市场经济条件下，中国发展道德经济，既要发挥市场在资源配置中的决定性作用，又要有效防范市场经济的弊端，既要增强经济活力，追求经济效率，又要实现公正公平，政府必须在发展道德经济中起主导作用。在发展道德经济中，以政府为主导意味着政府担负着引领道德经济发展的重任，制定和实施市场规则，提供发展道德经济的环境，利用财政、货币等政策协调经济主体的活动，以促进道德经济的发展。以政府为主导具体体现在以下几个方面：一是把握经济发展方向，将发展道德经济作为经济新常态下中国经济建设的重点工作来部署，在指导原则、目标任务等多个方面，围绕着“发展道德经济”制定相关的政策和进行制度安排。二是制定道德经济发展整体规划。三是运用各种手段引导市场实现道德经济发展目标。政府在道德经济发展中的主导地位由以下几个方面决定：

第一，政府主导经济发展方向。政府是我国经济建设的组织者，担负着推动经济发展、实现社会主义国家现代化的重任。政府可以依据国民经济发展的现状，制定相关政策，有组织、有计划地集中资源发展道德经济。

第二，政府统筹、协调经济运行。政府能全面掌握经济运行中产业结构、产品结构等多方面的信息，获悉市场现状，能根据国民经济发展状况及趋势，制订道德经济发展规划和实施方案，并按照经济发展规划，统筹和协调各产业、各地区的发展，引导落实道德经济发展规划，进行道德经济建设，实现道德经济的发展。

第三，政府对市场进行宏观调控和微观规制。在社会主义市场经济体制中，政府对市场进行宏观调控和微观规制。一方面，政府通过制定产业政策，运用法规、计划等手段，调节和干预经济运行的状态，协调各种经济关系，以确保国民经济持续、快速、协调、健康发展。另一方面，政府以法律、规章、制度等手段，规范微观经济主体的市场交易行为。既从宏观视角纠正市场宏观失灵，使社会资源得到充分利用，保持物价稳定和低失业率，又从微观视角纠正市场微观失灵，规范市场主体的运营，维护市场竞争秩序，提高市场运行效率，增进社会福利。

有一点必须提及的是，政府在发展道德经济中发挥主导作用，“不是简单下达行政命令，要在尊重市场规律的基础上，用改革激发市场活力，用政策引导市场预期，用规划明确投资方向，用法治规范市场行为”①。此外，在道德经济的发展过程中，政府的作用不是固定不变的，随着道德经济的发展，政府的主导作用有一个由强到弱的变化过程。如在发展道德经济初期，政府积极介入道德经济的建设，发挥主导作用；在道德经济得以建立并稳定发展后，政府对经济活动的干预要逐步减少。

三、社会组织参与

经济“嵌入”于社会及其制度框架之中，发展道德经济需要企业为主体，政府来主导，也需要社会的支持和帮助。道德经济要获得长远发展，必须积极培育并促进民间因素，为其发展创造更多动力和条件，而社会组织就具有民间性，是民间力量的代表，也就是说，发展道德经济需要社会组织的参与。社会组织参与发展道德经

① 中共中央文献研究室编．习近平关于社会主义经济建设论述摘编［M］．北京：中央文献出版社，2017：69－70.

济，意味着社会组织帮助和扶持道德经济的发展。在道德经济的发展中，社会组织的参与具体体现在四个方面：一是平衡各种利益冲突，协调各方行为。二是与政府合作。一方面，以社会权力平衡政府权力，防范政府权力的越位；另一方面，积极发挥作用，弥补政府作用的缺失。三是用社会权力抑制市场的消极作用。四是为道德经济提供契合时代发展需求的价值观。社会组织参与道德经济的发展由以下几个方面决定：

第一，社会组织是民众共同价值观表达的载体。社会组织为维护公众利益与国家之间始终保持着一定的张力，是为社会代言的重要角色。社会组织是持有同一价值观的人们自愿组合起来的群体，其所倡导的理念，一方面表达的是组织成员的价值诉求，另一方面也推动这些价值理念在社会的分享和蔓延，有助于共同价值观的形成。如“与大自然为友，尊重自然万物的生命权利”为自然之友赢得了声誉，令其获得了存在的合理性，同时，该价值诉求吸引了更多有志之士，在环境保护的重要性上产生了共鸣，纷纷加入、参与到倡导该价值理念的行动中，从而有力地推动了以环境保护为主题的共识的形成。

第二，社会组织承担着具有公共性的社会角色。所谓公共性，是指民众自愿参与公共空间的塑造。“‘公共性’是促成当代‘社会团结’的重要机制对于抵御市场经济背景下个体工具主义的快速扩张有着实质性意义；是使个体得以超越狭隘的自我而关注公共生活的立基所在；还是形塑现代国家与民众间良性相依、互为监督新格局的重要条件。”① 中国特色社会主义市场经济条件下，道德经济建设是一个合理配置资源、提高经济效率、促进社会公正、推进经济可持续发展等多个方面构成的宏大系统。道德经济的建设和发展，除了具体的政策、制度的推动，还需要凝聚和吸引社会多方力量共同参与。社会组织所具有的团结属性正是其承担公共性社会角色的优势。

第三，社会组织是社会权力的代表。在利益多元化、公共产品的来源多元化和民众权利意识逐渐增强的背景下，要实现社会公平正义的目标，只是凭借传统体制内的努力和较小政策网络的推动很难取得长期效果，必须借助公众的支持和社会权力②。所谓社会权力，是指“作为相对于国家的社会主体，以其所拥有的社会资源对社会与国家（政府）产生的影响力、支配力”③。社会权力来自集体力量，由集体力量转化而来，是分散的个人集合起来行使影响力，如通过代表自己利益的团体开展集体行动，通过众多人的联合发表集体声明、形成社会舆论等。社会组织是众多个人为实现一定的目标联合起来的团体，显然，社会组织就是社会权力的主体，是社会权力的核心力量。道德经济以社会价值与经济价值的实现为旨归，社会的公平正义是其价值追求。在此意义上，道德经济要获得长足发展，除了政府政策和手段的大力推动，还需社会权力的推动，社会组织必须参与其中，协同政府，发挥其社会权力主体的作用。

---

① 李友梅，肖瑛，等．当代中国社会建设的公共性困境及其超越［J］．中国社会科学，2012（4）：126.

② 李友梅，肖瑛，等．当代中国社会建设的公共性困境及其超越［J］．中国社会科学，2012（4）：129.

③ 郭道辉．社会权力：法治新模式与新动力［J］．学习与探索，2009（5）：138.

中国发展道德经济强调以企业为主体，以政府为主导，社会组织参与，意味着企业、政府、社会组织是不可分割的整体，三者之间不是对立的，而是互为前提，相互补充。企业为主体，才能充分释放市场经济的活力；政府主导，才能保障良好的市场经济运行环境和社会参与；社会参与有利于完善政府的作用。

参考文献

一、马克思主义经典著作

［1］马克思恩格斯文集（第1－10卷）［M］. 北京：人民出版社，2009.

［2］马克思恩格斯选集（第1－4卷）［M］. 北京：人民出版社，1995.

［3］习近平. 习近平谈治国理政（第二卷）［M］. 北京：外文出版社，2017.

二、中文文献

（一）中文译著类

［1］柯武刚，史漫飞. 制度经济学——社会秩序与公共政策［M］. 韩朝华，译. 北京：商务印书馆，2000.

［2］柯武刚，史漫飞，贝彼得. 制度经济学——财产、竞争、政策［M］. 柏克，韩朝华，译. 北京：商务印书馆，2018.

［3］戴维·思罗斯比. 经济学与文化［M］. 王志标，张峥嵘，译. 北京：中国人民大学出版社，2015.

[4] 欧文·E. 休斯. 公共管理导论 [M]. 彭和平，等译. 北京：中国人民大学出版社，2001.

[5] 尼古拉·彼得森，亚当·阿维森. 道德经济：后危机时代的价值重塑 [M]. 刘宝成，译. 北京：中信出版社，2014.

[6] 彼得·科斯洛夫斯基. 伦理经济学原理 [M]. 孙瑜，译. 北京：中国社会科学出版社，1997.

[7] 彼得·科斯洛夫斯基. 资本主义的伦理学 [M]. 王彤，译. 北京：中国社会科学出版社，1996.

[8] 何梦笔. 德国秩序政策理论与实践文集 [M]. 庞健，冯兴元，译. 上海：上海人民出版社，2000.

[9] 马克斯·韦伯. 新教伦理与资本主义精神 [M]. 于晓，陈维刚，译. 西安：陕西师范大学出版社，2006.

[10] 伊曼努尔·康德. 道德形而上学原理 [M]. 苗力田，译. 上海：上海人民出版社，2002.

[11] 谢·卡拉·穆尔扎. 论意识操纵（上）[M]. 北京：社会科学文献出版社，2004.

[12] 热罗姆·巴莱，弗郎索瓦丝·德布里. 企业与道德伦理 [M]. 丽泉，侣程，译，天津：天津人民出版社，2006.

[13] 夏尔·季德，夏尔·利斯特. 经济学说史（上、下册）[M]. 徐卓英，译. 北京：商务印书馆，1986.

[14] 魁奈. 魁奈经济著作选集 [M]. 吴斐丹，等译. 北京：商务印书馆，1979.

[15] 亚里士多德. 政治学 [M]. 吴寿彭，译. 北京：商务印书馆，1983.

[16] 亨利·明茨伯格．社会再平衡［M］．陆维东，鲁强，译．北京：东方出版社，2015.

[17] 阿瑟·奥肯．平等与效率——重大的抉择［M］．陈涛，译．北京：中国社会科学出版社，2013.

[18] 维托·坦茨．政府与市场——变革中的政府职能［M］．王宇，译．北京：商务印书馆，2014.

[19] 艾伦·布坎南．伦理学、效率与市场［M］．廖申白，谢大京，译．北京：中国社会科学出版社，1991.

[20] 保罗·萨缪尔森，威廉·诺德豪斯．经济学（第十九版）［M］．萧琛，等译．北京：商务印书馆，2012.

[21] 丹尼尔·贝尔．资本主义文化矛盾［M］．赵一凡，蒲隆，等译．北京：三联书店，1989.

[22] 柯林斯·菲舍尔，艾伦·洛维尔．经济伦理与价值观：个人、公司和国际透视［M］．范宁，译．北京：北京大学出版社，2009.

[23] 巴里·克拉克．政治经济学——比较的视点［M］．王询，译．北京：经济科学出版社，2001.

[24] 莱斯特·M. 萨拉蒙．全球公民社会—非营利部门视界［M］．贾西津，魏玉，译．北京：社会科学文献出版社，2002.

[25] 莱斯特·M. 萨拉蒙．公共服务中的伙伴：现代福利国家中政府与非营利组织的关系［M］．田凯，译．北京：商务印书馆，2008.

[26] 罗伯特·劳伦斯·库恩．中国30年：人类社会的一次伟大变迁［M］．上海：世纪出版集团，2008.

[27] 理查德·布隆克. 质疑自由市场经济 [M]. 林季红，译. 南京：江苏人民出版，2000.

[28] 理查德·T. 德·乔治. 经济伦理学 [M]. 李布，译. 北京：北京大学出版社，2002.

[29] 诺曼·E. 鲍伊. 经济伦理学：康德的观点 [M]. 夏镇平，译. 上海：上海译文出版社，2006.

[30] 乔治·恩德勒. 经济伦理学大辞典 [M]. 李兆雄，陈泽环，译. 上海：上海人民出版社，2001.

[31] 乔治·恩德勒. 面向行动的经济伦理学 [M]. 上海：上海译文出版社，2002.

[32] 乔治·斯蒂格勒. 经济学家和说教者 [M]. 北京：生活·读书·新知三联书店.

[33] 斯坦利·L. 布鲁，兰迪·R. 格兰特. 经济思想史 [M]. 邸晓燕，译. 北京：北京大学出版社，2008.

[34] 斯蒂芬·杨. 道德资本主义：协调私利与公益 [M]. 余彬，译. 上海：上海三联书店，2010.

[35] 斯蒂芬·P. 罗宾斯，玛丽·库尔特. 管理学（第八版）[M]. 北京：清华大学出版社，2005.

[36] 约翰·罗尔斯. 正义论 [M]. 何怀宏，等译. 北京：中国社会科学出版社，2009.

[37] 约翰·罗尔斯. 作为公平的正义——正义新论 [M]. 姚大志，译. 北京：中国社会科学出版社，2011.

[38] 约瑟夫·熊彼特. 经济分析史（第 1 - 2 卷）[M]. 杨敬年，译. 北京：商务印书馆，1991.

［39］约翰·麦克米兰．重新发现市场［M］．余江，译．北京：中信出版社，2014.

［40］詹姆斯·C. 斯科特．农民的道义经济学：东南亚的反叛与生存［M］．程立显，刘建，等译．南京：译林出版社，2013.

［41］拉齐恩·萨丽，等．哈耶克与古典自由主义［M］．秋风，译．贵阳：贵州人民出版社，2003.

［42］巴里·克拉克．政治经济学——比较的视点［M］．王询，译．北京：经济科学出版社，2001.

［43］阿玛蒂亚·森，伯纳德·威廉姆森．超越功利主义［M］．梁捷，等译．上海：复旦大学出版社，2011.

［44］阿玛蒂亚·森．伦理学与经济学［M］．王宇，王文玉，译．北京：商务印书馆，2000.

［45］阿玛蒂亚·森．以自由看待发展［M］．任赜，于真，译．北京：中国人民大学出版社，2013.

［46］爱德华·汤普森．共有的习惯［M］．沈汉，王加丰，译．上海：上海人民出版社，2002.

［47］大卫·休谟．人性论（上、下册）［M］．关之运，译．北京：商务印书，1983.

［48］洛克．政府论［M］．叶启芳，瞿菊农，译．北京：商务印书馆，1964.

［49］F. A. 冯·哈耶克．个人主义与经济秩序［M］．邓正来，译．北京：三联书店，2003.

［50］F. A. 冯·哈耶克．通往奴役之路［M］．冯兴元，等译．北京：中国社会科学出版社，1997.

[51] F. A. 冯·哈耶克. 法律、立法与自由（第一卷）[M]. 邓正来，等译. 北京：中国大百科全书出版社，2000.

[52] F. A. 冯·哈耶克. 科学的反革命——理性滥用之研究 [M]. 冯克利，译. 南京：译林出版社，2003.

[53] F. A. 冯·哈耶克. 自由秩序原理（上、下）[M]. 邓正来，译. 北京：生活·读书·新知三联书店，1997.

[54] 大卫·李嘉图. 经济学及赋税之原理 [M]. 郭大力，王亚南，译. 上海：上海三联书店，2014.

[55] 杜格尔德·斯图尔特. 亚当·斯密的生平和著作 [M]. 蒋自强，朱中棣，等译. 北京：商务印书馆，1983.

[56] 亨利·西季威克. 伦理学方法 [M]. 廖申白，译. 北京：中国社会科学出版社，1993.

[57] 杰里米·边沁. 道德与立法原理绪论 [M]. 北京：商务印书馆，2000.

[58] 迈克尔·佩罗曼. 资本主义的诞生：对古典政治经济学的一种诠释 [M]. 裴达鹰，译. 桂林：广西师范大学出版社，2001.

[59] 纳德·温奇. 亚当·斯密的政治学 [M]. 褚平，译. 南京：译林出版社，2010.

[60] 琼·罗宾逊，约翰·伊特韦尔. 现代经济学导论 [M]. 陈彪如，译. 北京：商务印书馆，2002.

[61] 亚当·斯密. 道德情操论 [M]. 谢宗林，译. 北京：中央编译出版社，2008.

[62] 亚当·斯密. 国富论（上、下卷）[M]. 郭大力，王亚

南，译．北京：商务印书馆，1972，1974.

［63］约翰·米德克罗夫特．市场的伦理［M］．王首贞，王巧贞，译．上海：复旦大学出版社，2012.

（二）中文著作类

［1］程恩富，方兴起，郑志国．马克思主义经济学的五大理论假设［M］．北京：人民出版社，2012.

［2］陈泽环．个人自由和社会义务——当代德国经济伦理学研究［M］．上海：上海辞书出版社，2004.

［3］崔宜明，强以华，任重道．中国现代经济伦理建设研究［M］．上海：上海书店出版社，2013.

［4］丁显洋．组织社会学（第二版）［M］．北京：中国人民大学出版社，2009.

［5］顾忠华．韦伯《新教伦理与资本主义精神》导读［M］．桂林：广西师范大学出版社，2005.

［6］甘绍平．伦理学的当代建构［M］．北京：中国发展出版社，2015.

［7］甘绍平，余涌主编．应用伦理学教程［M］．北京：中国社会科学出版社，2008.

［8］高兆明．伦理学理论与方法［M］．北京：人民出版社，2013.

［9］龚天平．伦理驱动管理——当代企业管理伦理的走向及其实现研究［M］．北京：人民出版社，2011.

［10］龚群，陈真．当代西方伦理思想研究［M］．北京：北京大学出版社，2013.

[11] 胡怀国.《国富论》导读 [M]. 成都：四川教育出版社，2002.

[12] 江平. 法人制度论 [M]. 北京：中国政法大学出版社，1994.

[13]《伦理学》编写组. 伦理学 [M]. 北京：高等教育出版社，人民出版社，2014.

[14] 李非. 富与德：亚当·斯密的无形之手——市场社会的架构 [M]. 天津：天津人民出版社，2001.

[15] 厉以宁. 超越市场与超越政府——论道德力量在经济中的作用（修订本）[M]. 北京：经济科学出版社，2010.

[16] 李斯特. 政治经济学的国民体系 [M]. 陈万煦，译. 上海：商务印书馆，1979.

[17] 厉以宁. 经济学中的伦理问题 [M]. 北京：三联书店，1995.

[18] 刘敬鲁. 经济哲学导论 [M]. 北京：中国人民大学出版社，2003.

[19] 刘可风，龚天平. 企业伦理学（第二版）[M]. 武汉：武汉理工大学出版社，2017.

[20] 刘可风. 伦理学原理 [M]. 中国财政经济出版社，2003.

[21] 鲁友章，李宗正. 经济学说史（上、下册）[M]. 北京：人民出版社，1983.

[22] 陆晓禾. 经济伦理学研究 [M]. 上海：上海社会科学院出版社，2010.

[23] 卢现祥，朱巧云. 新制度经济学（第二版）[M]. 北京：

北京大学出版社，2010.

［24］罗卫东．情感秩序美德——亚当·斯密的伦理学世界［M］．北京：中国人民大学出版社，2006.

［25］聂文军．亚当·斯密经济伦理思想研究［M］．北京：中国社会科学出版社，2004.

［26］乔洪武．西方经济伦理思想研究（第一、第二、第三卷）［M］．北京：商务印书馆，2016.

［27］强以华．经济伦理学［M］．武汉：湖北人民出版社，2001.

［28］乔法容．经济伦理学［M］．北京：人民出版社，2004.

［29］萨伊．政治经济学概论［M］．陈福生，陈振骅，译．北京：商务印书馆，1963.

［30］宋希仁．西方伦理思想史［M］．北京：中国人民大学出版社，2010.

［31］宋希仁．马克思恩格斯道德哲学研究［M］．北京：中国社会科学出版社，2012.

［32］盛红生，贺兵．当代国际关系中的“第三者”——非政府组织问题研究［M］．北京：时事出版社，2004.

［33］唐凯麟．伦理学［M］．北京：高等教育出版社，2001.

［34］唐凯麟．西方伦理学名著提要［M］．南昌：江西人民出版社，2000.

［35］万俊人．道德之维——现代经济伦理导论［M］．广州：广东人民出版社，2000.

［36］汪丁丁．新政治经济学讲义——在中国思索正义、效率

与公共选择［M］. 上海：上海人民出版社，2013.

［37］韦森. 经济学与伦理学［M］. 北京：商务印书馆，2015.

［38］王小锡. 道德资本与经济伦理［M］. 北京：人民出版社，2009.

［39］王小锡. 经济伦理的当代理念与实践［M］. 上海：上海人民出版社，2010.

［40］王小锡. 经济伦理学——经济与道德关系之哲学分析［M］. 北京：人民出版社，2015.

［41］王露璐，汪洁，等. 经济伦理学［M］. 北京：人民出版社，2014.

［42］王名. 中国社团改革［M］. 北京：社会科学文献出版社，2001.

［43］吴忠，等. 市场经济与现代伦理［M］. 北京：人民出版社，2003.

［44］西斯蒙第. 政治经济学新原理［M］. 何钦，译. 上海：商务印书馆，1977.

［45］习近平. 决胜全面建成小康社会夺取新时代中国特色社会主义伟大胜利——在中国共产党第十九次全国代表大会上的报告［M］. 北京：人民出版社，2017.

［46］亚里士多德. 尼各马可伦理学［M］. 廖申白，译. 北京：商务印书馆，2011.

［47］鄢一龙，白钢，等. 大道之行：中国共产党与中国社会主义［M］. 北京：中国人民大学出版社，2014.

［48］杨春学. 经济学与利他主义［C］//近现代经济学之演进.

北京：经济科学出版社，2002.

［49］张华夏．道德哲学与经济系统分析［M］．北京：人民出版社，2010.

［50］张雄．经济哲学——经济理念与市场智慧［M］．昆明：云南人民出版社，2000.

［51］张广科．按知分配与企业剩余分享研究［M］．北京：经济科学出版社，2009.

［52］张维迎．市场与政府——中国改革的核心博弈［M］．西安：西北大学出版社，2014.

［53］张维达，宋冬林，谢地．政治经济学（第二版）［M］．北京：高等教育出版社，2004.

［54］张华夏．道德哲学与经济系统分析［M］．北京：人民出版社，2010.

［55］周辅成．西方伦理学名著选辑（上、下卷）［M］．北京：商务印书馆，1964.

［56］周庭芳，汪炜．经济法概论［M］．武汉：武汉理工大学出版社，2013.

［57］周荣华．道德经济学引论［M］．南京：江苏人民出版社，2011.

［58］朱贻庭．伦理学大辞典［M］．上海：上海辞书出版社，2013.

［59］资中筠．财富的责任与资本主义演变［M］．上海：上海三联书店，2015.

［60］郑国安，等．非营利组织与中国事业单位改革［M］．北

京：机械工业出版社，2002.

（三）中文期刊类

［1］崔宜明．市场经济及其伦理原则——论亚当·斯密的“合宜感”［J］．上海师范大学学报（哲学社会科学版），2001（2）．

［2］崔剑．爱德华·汤普森史学思想述论［J］．求索，2006（8）．

［3］陈孝兵．经济学裂变中的道德规范［J］．江淮论坛（合肥），2004（5）．

［4］宫敬才．论经济哲学认识论中的两条路线［J］．河北经贸大学学报，2013（1）．

［5］龚群．经济伦理关于“经济人”概念的再审视［J］．中国人民大学学报，2001（6）．

［6］龚群．论功利价值观念与现代化［J］．中国人民大学学报，1995（5）．

［7］龚天平．论伦理经济［J］．广东社会科学，2015（1）．

［8］龚天平．道德经济：一种新的经济价值观［J］．江汉论坛，2006（6）．

［9］郭于华．“道义经济”还是“理性小农”［J］．读书，2002（5）．

［10］韩志伟，郝继松．论道德感的实践本性——以苏格兰启蒙运动为中心的考察［J］．理论探讨，2011（3）．

［11］韩庆祥，黄相怀．“为人类对更好社会制度的探索提供中国方案——学习习近平总书记‘七一’重要讲话”［J］．求是，2017（1）．

[12] 胡怀国. 斯密思想体系的一致性——“斯密问题”略论 [J]. 经济科学, 1999 (4).

[13] 胡怀国. 亚当·斯密的思想渊源: 一种被忽视的学术传统——兼论现代市场经济的内在逻辑 [J]. 经济学动态, 2011 (9).

[14] Maarten Dujvendak. 道德经济及其超越——19 世纪荷兰农民抗税研究 [J]. 石家庄学院学报, 2015 (5).

[15] 康子兴. 商业社会与正义: 亚当·斯密的正义理论 [J]. 湖南社会科学, 2010 (6).

[16] 康子兴. 商业与道德: 亚当·斯密理论中的社会维度 [J]. 社会学研究, 2015 (4).

[17] 康子兴. 亚当·斯密论商业社会的“财富”与“正义” [J]. 浙江社会科学, 2014 (4).

[18] 李永斌. 从“经济人”到“道德人”——论亚当·斯密的经济哲学 [J]. 经济研究导刊, 2014 (6).

[19] 梁小民. 我们需要什么样的市场经济——评《拯救亚当·斯密》[J]. 财经界, 2004 (2).

[20] 梁小民. 亚当·斯密问题之解 [J]. 读书, 1998 (10).

[21] 刘可风. 经济伦理冲突与经济伦理学困境 [J]. 道德与文明, 2009 (4).

[22] 刘可风. 论市场经济领域中道德的适度定位问题 [J]. 哲学研究, 2004 (6).

[23] 刘淑青. 17 世纪英国道德经济与市场经济价值观念的碰撞 [J]. 求索, 2007 (4).

[24] 刘淑青. 18 世纪英国的平民文化——《共有的习惯》读

后［J］. 广西社会科学，2003（8）.

［25］刘金源. 农民的生存伦理［J］. 中国农村观察，2001（6）.

［26］李培锋. 欧美穷人道德经济学研究评析［J］. 国外社会科学，2010（1）.

［27］李培锋. 汤普森的“道德经济学”概念评述［J］. 史学理论研究，2004（2）.

［28］李红涛，付少平. “理性小农”抑或“道义经济”：观点评述与新的解释［J］. 社科纵横，2008（5）.

［29］李欢. 论《蒙塔尤》中所体现的新史学观［J］. 齐齐哈尔大学学报（哲学社会科学版），2012（1）.

［30］雷羡梅. 经济道德与道德经济新探［J］. 福建论坛（经济社会版），1998（1）.

［31］陆启宏. 年鉴学派与西方史学的转型——以勒华拉杜里的《蒙塔尤》为例［J］. 复旦学报（社会科学版），2011（3）.

［32］罗贵榕. 亚当·斯密与马克思的正义伦理之比较——以政治经济学为界［J］. 社会科学家，2013（9）.

［33］廖雅琴. 政治空间与民众的道德经济学——爱德华·汤普森的“民众的道德经济学”解读［J］. 泰州职业技术学院学报，2004（5）.

［34］聂文军. 亚当·斯密与“亚当·斯密问题”［J］. 哲学动态，2007（6）.

［35］乔洪武. 勾画市场经济伦理秩序的先驱——亚当·斯密的经济伦理思想评介［J］. 广西大学学报，1999（3）.

[36] 乔洪武. 探寻现代西方个正义思想的原点——亚当·斯密正义观的真与谬 [J]. 天津社会科学, 2013 (2).

[37] 任剑涛. 从管理民主到行政民主再到政权民主 [J]. 中央社会主义学院学报, 2017 (8).

[38] 沈汉, 王觉非. 评爱德华. 汤普森的新作《民众的习惯》[J]. 史学理论研究, 1992 (2).

[39] 舒小昀. 粮食骚动、道德经济与谷物法的废除 [J]. 史学月刊, 2012 (4).

[40] 童小溪. 当代社会的道德经济: 非营利行为与非营利部门 [J]. 中国图书评论, 2013 (10).

[41] 陶莉. 论伦理道德的经济功能 [J]. 四川大学学报 (哲学社会科学版), 2001 (6).

[42] 汪信砚. 价值共识与和谐世界 [J]. 武汉大学学报 (哲学社会科学版), 2017 (5).

[43] 王曙光. 论经济学中的道德中性与经济学家的道德关怀——亚当·斯密《道德情操论》和"斯密悖论" [J]. 学术月刊, 2001 (11).

[44] 王喜文. 亚当·斯密的交换正义理论——基于《道德情操论》的探究 [J]. 兰州学刊, 2012 (8).

[45] 王绍光. 促进中国民间非营利部门的发展 [J]. 管理世界, 2002 (8).

[46] 王宏伟. 信息产业与中国经济增长的实证分析 [J]. 中国工业经济, 2009 (11).

[47] 王健, 林立. 加强市场监管扩消费稳增长 [J]. 法治政

府，2017（5）.

［48］吴英．评斯科特的“小农道德经济说”［J］．天津师范大学学报，1996（2）.

［49］许崇正．重温亚当·斯密：对中国经济学未来发展的思考［J］．学术月刊，2005（8）.

［50］薛俊强．“个人”“群体”和“社会”和谐共生之社会整合视域的形成——论马克思对古典政治经济学的经济哲学批判［J］．前沿，2011（7）.

［51］薛俊强．论马克思对古典经济学抽象性的批判［J］．辽宁大学学报（哲学社会科学版），2011（2）.

［52］晏玉荣．快乐的质量与“自我完善论”——论“穆勒难题”的无解［J］．道德与文明，2015（2）.

［53］杨春学．关于“无形之手”的经济学解释［J］．经济学动态，2005（2）.

［54］张清．论休谟的正义观［J］．道德与文明，2004（3）.

［55］张全胜．论马克思对资产阶级正义论的批判及其当代价值［J］．求实，2013（1）.

［56］张亮．E. P. 汤普森的平民文化与工人阶级文化研究［J］．东岳论丛，2009（1）.

［57］张占斌，周跃辉．关于中国经济新常态若干问题的解析与思考［J］．经济体制改革，2015（1）.

［58］张序．公共服务供给的理论基础：体系梳理与框架构建［J］．四川大学学报（哲学社会科学版），2015（4）.

［59］朱富强．马克思经济学的基本分析思维及其实践价值——

古典经济学与新古典经济学的研究路线之比较［J］. 福建论坛（人文社会科学版），2011（5）.

［60］朱汉民. 略论西方经济学伦理道德观的演变与承继［J］. 武汉大学学报，2001（5）.

［61］朱绍文. 寻访亚当·斯密的足迹［J］. 群言，1990（1）.

［62］朱绍文. 亚当·斯密的《道德感情论》与所谓“斯密问题”［J］. 经济学动态，2010（7）.

［63］周立红. 论1740～1800年英格兰食物骚乱［J］. 史学月刊，2005（1）.

三、英文文献

（一）英文著作类

［1］Hahn，Steven. The Roots of Southern Populism［M］. New York：Oxford University Press，1983.

［2］Hayek，F. A. “Individualism：True and False”，in Individualism and Economic Order［M］. Chicago：University of Chicago Press，1948a.

［3］McMath，Robert C. Jr. Sandy Land and Hogs in the Timber：(Agri) Cultural Origins of the Farmers' Alliance in Texas［C］//In The Countryside in the Age Capitalist Transformation. ed. Steven Hahn and Jonathan Prude. Chapel Hill：University of North Carolina Press，1985.

［4］Peter F. Drucker. Post－Capitalist Society［M］. New York：Harper，1993.

［5］Paul Hawken. Blessed Unrest，How the Largest Movement In

the World Came Into Being and No One Saw it Coming [M]. New York: Viking Press, 2007.

[6] Popkin, Samuel L. The Rational Peasant: The Political Economy of Rural Society in Vietnam [M]. Berkeley and Los Angeles, California: University of California Press, 1979.

[7] Polanyi, Karl. The Livelihood of Man [M]. New York: Academic, 1977.

[8] Polanyi, Karl. The Great Transformation [M]. Boston: Beacon, 1957.

[9] Randall, Adrian and Charlesworth, Andrew. Moral Economy and Popular Protest: Crowds, Conflict and Authority [M]. New York: St. Martin's Press, 1999.

[10] Scott, James C. The Moral Economy of the Peasant [M]. New Haven: Yale University Press, 1976.

[11] Strickland, John S. Traditional Culture and Moral Economy: Social and Economic Change in the South Carolina Low Country [C]//In The Countryside in the Age of Capitalist Transformation. ed. Steven Hahn and Jonathan Prude. Chapel Hill: University of North Carolina Press, 1985.

[12] Snell, K. D. M. Annals of the Labouring Poor: Social Change and Agrarian England, 1660 - 1900 [M]. Cambridge: Cambridge University Press, 1987.

[13] Thelen, David. Paths of Resistance: Tradition and Dignity in Industrializing Missouri [M]. New York: Oxford University Press, 1986.

[14] Thompson, E. P. The Moral Economy Reviewed [C]//In Customs in Common: Studied in Popular Culture. New York: The New Press, 1991.

[15] Walton, John, Seddon, David. Free Markets and Food Riots: The Political of Global Adjustment [M]. Cambridge, MA: Blackwell, 1994.

（二）英文期刊类

[1] Anderson Jonathan. China's True Growth: No Myth or Miracle [J]. Far Eastern Economic Review, 2006.

[2] Arrow, Kenneth J. The Organization of Economic Activity: Issues Pertinent to the Choice of Market versus Nonmarket Allocation [J]. Public Expenditure and Policy Analysis, 2007.

[3] Bates, Robert H. & Curry, Amy Farmer. Community Versus Market: A Note on Corporate Villages [J]. American Political Science Review, 1992, 86 (2).

[4] Booth, William James. A Note on the Idea of the Moral Economy [J]. American Political Science Review, 1993, 87 (4).

[5] Bill Gross. On the "Course" to a New Normal [J]. Investment Outlook, 2009.

[6] Coats, A. W. Contrary Moralities: Plebs, Paternalists and Political Economists [J]. Past and Present, 1972 (54).

[7] Cieslik, Katarzyna. Moral Economy Meets Social Enterprise Community - Based Green Energy Project in Rural Burundi [J]. World Development, 2016 (83).

[8] Edelman, Marc. Bringing the Moral Economy back into the Study of 21st-Century Transnational Peasant Movement [J]. American Anthropologist, 2005, 107 (3).

[9] Genovese, Elizabeth Fox. The Many Faces of Moral Economy: A Contribution to a Debate [J]. Past & Present, 1973 (58).

[10] Harvie, David. & Milburn, Keir. The Moral Economy of the English Crowd in the Twenty – First Century [J]. South Atlantic Quarterly, 2013, 112 (3).

[11] Jason Dedrick, Kenneth L. Kraemer, Greg Linden. Who Profits from Innovation in Global Value Chains?: A Study of the IPod and Notebook PCs [J]. Industrial and Corporate Change, 2010, 19 (1).

[12] Pinkerton, Evelyn. The Role of Moral Economy in Two British Columbia Fisheries: Confronting Neoliberal Policies [J]. Marine Policy, 2015 (61).

[13] Pamela Mcelwee. From the Moral Economy to the World Economy: Revisiting Vietnamese Peasants in a Globalizing Era [J]. Journal of Vietnamese Studies, 2007, 2 (2).

[14] Scott, James C. Afterword to "Moral Economies, State Spaces, and Categorical Violence" [J]. American Anthropologist, 2005, 1707 (3).

[15] Sumit Sarkar, E. P. Thompson [J]. Economic and Political Weekly, 1993, 28 (39).

[16] Thompson, E. P. The Moral Economy of English Crowd in the 18th Century [J]. Past & Present, 1971 (50).